I. Einleitung.

Nach den Festlegungen des Deutschen Normenausschusses werden unterschieden:

1. Rohe Schrauben
2. Halbrohe Schrauben
3. Halbblanke Schrauben
4. Blanke Schrauben.

Rohe Schrauben werden aus Walzeisen oder Draht angefertigt, indem man die Köpfe in kaltem oder warmem Zustande anstaucht. Das Gewinde wird geschnitten oder gewalzt. Da die kaltgepreßten, rohen Schrauben nach dem Pressen ausgeglüht werden, so zeigen rohe Schrauben allgemein an ihrer Oberfläche eine Zunderschicht, die nur im Gewindeteil entfernt sein kann.

Bei halbrohen Schrauben ist die Anlagefläche des Kopfes abgedreht; sonst sind sie wie die rohen Schrauben beschaffen.

Bei halbblanken Schrauben ist auch der Schaft abgedreht, so daß diese Schrauben die Zunderschicht nur auf der Ober- und den Seitenflächen des Kopfes zeigen.

Bei blanken Schrauben ist entweder auch noch der Kopf blank bearbeitet, oder aber die Schraube ist aus im Profil der Kopfform gezogenem Eisen (Stahl) hergestellt, indem der Schaft auf Revolverbänken aus dem vollen ausgedreht ist. Blanke Schrauben besitzen überall metallisch blanke Oberfläche. Die Genauigkeit aller Abmessungen ist bei ihnen entsprechend ihrer Herstellungsart am größten.

Sogenannte „preßblanke" Schrauben sind rohe Schrauben, die nach dem Kaltpressen nicht geglüht sind, und die infolge ihrer Herstellung aus blankgezogenem Draht ein blankes Aussehen beibehalten haben.

Entsprechend dem großen Umfang der Schwarzschraubenindustrie und der Bedeutung, die sie für die gesamte Volkswirtschaft hat, sind die zur Herstellung verwendeten Maschinen mannigfaltigster Art. Wie alle Maschinen sind sie im Laufe der Zeit erheblich umgestaltet worden, und der Ehrgeiz der Konstrukteure hat immer vollkommnere Ausführungen auf den Markt gebracht. Im Anfang als Fortschritt begrüßte Neuerungen haben sich im Fabrikationsbetrieb nicht immer halten können, andere Konstruktionen erweisen sich trotz hohen Alters noch als lebensfähig.

Der Arbeitsgang eines rohen Schraubenbolzens ist kurz folgender:

1. Abschneiden des Rohlings
2. Anstauchen des Kopfes
3. Abgraten
4. Runden des Schaftendes
5. Schneiden des Gewindes oder 5. Abdrehen des Schaftes am Gewindeteil
   6. Walzen des Gewindes

Allgemein ist in der Schraubenindustrie festzustellen, daß ursprünglich nur von Hand bediente Maschinen immer mehr Halb- und Vollautomaten Platz machen müssen. Diese von Amerika ausgehende Entwicklung ist auch in Deutschland nicht aufzuhalten.

Ursprünglich ist jede einzelne Arbeitsstufe von Hand vorgenommen worden: auf einer Schere wurden die Bolzen geschnitten, dann gewärmt in die Pressen zum Anstauchen des Kopfes eingeführt. Automatisch wurde dieser Arbeitsgang ausgebildet durch Einführen der Kaltpressen, die entweder Stangen Rundeisen verarbeiten mit selbsttätigem Einziehen, Abschneiden und Anstauchen des Kopfes oder bei kleineren Abmessungen der Schrauben von Drahtringen ohne Unterbrechung arbeiten. Diese Kaltpressen sind wegen ihrer wirtschaftlichen Arbeitsweise sehr verbreitet. In letzter Zeit macht sich jedoch von Amerika ausgehend das Bestreben geltend, sie durch automatisch arbeitende Warmpressen zu verdrängen, die zunächst das bei kalt geschlagenen Bolzen mit größerem Kopf unvermeidliche Nachglühen umgehen, dann aber auch mit einem Schlage Köpfe stauchen können, zu denen eine Kaltpresse den Doppelschlag erfordert.

Die drei Arbeitsstufen: Abgraten, Runden der Spitze und Gewindeschneiden haben sich in ihrer ursprünglichen Form kaum verändert. Auch hier ist stellenweise der Automat, der lediglich ein Auffüllen mit neuen Bolzen verlangt, an Stelle der von Hand bedienten Maschine getreten. Auch Vereinigungen der einzelnen Arbeitsstufen sind vielfach versucht worden.

Wenn heute in Deutschland die selbsttätig arbeitende Maschine noch nicht allgemein eingeführt ist und in der Schwarzschraubenherstellung die von Hand bediente Maschine noch überwiegt, so liegt dies zum größten Teil an den gegenüber Amerika noch wesentlich billigeren Arbeitskräften. Der Vorteil der Automaten mit sehr hohen Anschaffungskosten ist hierdurch, besonders in ländlichen Gegenden mit niedrigen Löhnen, nicht immer zweifellos.

Wenn schon die nachstehenden Ausführungen sich lediglich mit dem Anstauchen von Köpfen an rohe Schraubenbolzen befassen, so kann es sich doch bei dem beschränkten Umfange nicht darum handeln, alle in Betracht kommenden Maschinen erschöpfend darzustellen. Es soll lediglich ein Überblick geboten und nur auf die wichtigsten und gebräuchlichsten Maschinenarten näher eingegangen werden.

II. Der Rohstoff.

Der Ausgangswerkstoff der rohen Schrauben ist durchaus verschieden, je nach der Herstellung der Schrauben.

Schraubenbolzen von $^1/_2''$ Durchmesser und stärker werden fast ausnahmslos aus gewalztem Rundeisen hergestellt, das unter dem Namen Schraubeneisen St 38. 13 nach Dinorm 1613 im Handel ist und in Stablängen von etwa $4 \div 5$ m je nach Bestellung geliefert wird.

Für die dünneren Abmessungen wird gezogener Draht verwendet, der besonders gut geglüht sein muß, wenn die Köpfe kalt angestaucht werden sollen. Er wird in Ringen aufgewickelt oder auch zu Stäben geschnitten geliefert, je nach Wunsch. Für den zur Herstellung roher Schrauben verwendeten Werkstoff sind vom Deutschen Normenausschuß besondere Festigkeitswerte in DIN 1613 aufgestellt, wobei zu beachten ist, daß diese nur im normalen, d. h. gutgeglühten Zustande gelten. Wird z. B. gezogener Draht verwendet, so ist bei diesem durch das Ziehen die Festigkeit erhöht, die Bruchdehnung geringer geworden.

DIN 1613 schreibt für Schraubeneisen St 38. 13 eine Festigkeit von 38 bis 45 kg/mm² vor. Die Bruchdehnung soll mindestens betragen: am Kurzstab 25%, am Langstab 20%.

Zur Prüfung soll ein Faltversuch vorgenommen werden, bei dem das Schraubeneisen kalt um einen Dorn von halbem Eisendurchmesser um 180° gebogen wird. Es darf hierbei keine Risse zeigen.

Voraussichtlich werden die in Vorbereitung befindlichen Güte- und Abnahmevorschriften, die von allen beteiligten Kreisen gemeinsam aufgestellt werden, noch weitere Prüfungsvorschriften enthalten. Ein zweiter Faltversuch soll rotwarm vorgenommen werden, und hierbei sollen sich die Schenkel ohne Zwischenlage um 180° biegen und vollkommen zusammenschlagen lassen. Die Scherfestigkeit, die 75÷85% der Zerreißfestigkeit beträgt, wird durch einen Abscherversuch in der Weise geprüft, daß auf einer Zerreißmaschine mit einem Messer, dessen Breite gleich Bolzenstärke ist, aus dem eingespannten Schraubeneisen ein Stück herausgeschnitten wird.

Außer St 38. 13 ist noch eine Sondergüte weiches Schraubeneisen St 34. 13 festgelegt, das zu besonderen Zwecken verwendet wird. Seine Festigkeit ist geringer und seine Bruchdehnung entsprechend größer.

Die Maßgenauigkeit fertiger roher Schrauben wird in stärkster Weise beeinflußt durch die Herstellungsgenauigkeit des verwendeten Rohstoffes. Infolgedessen soll auch diese kurz in den Kreis der vorliegenden Betrachtungen einbezogen werden.

Es ist möglich, beim Ziehen von Draht die vorgeschriebenen Maße mit Abweichungen von wenigen $^1/_{100}$ mm einzuhalten. Derartige Genauigkeiten sind für die Herstellung roher Schrauben nicht erforderlich, und man kann sich begnügen mit den nach DIN 668 zulässigen Maßabweichungen, die für die in Frage kommenden Drahtstärken in Tabelle 1 (Seite 48) zusammengestellt sind.

Viel schwieriger werden die Verhältnisse bei der Verwendung von Walzeisen. Hier sind die Schwankungen im Durchmesser wesentlich größer. Die für Schraubeneisen verlangten Walztoleranzen sind aus Tabelle 2 (Seite 48) zu ersehen. Zu beachten ist hierbei, daß gewalztes Eisen niemals kreisrund, sondern immer mehr oder weniger oval ist, so daß unter Umständen an einer Stange das Höchst- und Mindestmaß des Durchmessers im gleichen Querschnitt vorhanden sein kann.

Die Ungleichheiten des gewalzten Eisens beeinflussen nicht nur die Genauigkeit und das Aussehen des Gewindes, sondern auch sämtliche anderen Abmessungen. Die Rohlinge zur Herstellung eines Schraubenbolzens müssen für eine bestimmte Kopfform und Länge alle mit gleicher Zugabe für das Anstauchen des Kopfes, also alle auf gleiche Länge abgeschnitten werden. Liegt der Durchmesser des Eisens nahe am Höchstmaß, so wird der Grat stark, oder der geschmiedete Kopf übervoll; bei dünnem Eisen dagegen wird der Grat schwach oder der Kopf nicht voll in der Höhe, und die Ecken werden nicht ausgeprägt.

Es ist notwendig, diese Schwierigkeiten in der Herstellung nicht außer acht zu lassen, um von rohen Schrauben keine unbillige Genauigkeit zu verlangen, die sie infolge des zur Verwendung gelangenden Rohstoffs selbst bei bester und sorgfältigster Verarbeitung niemals haben können.

III. Anstauchen des Kopfes in warmem Zustand.

A. Abschneiden der Rohlinge.

1. Bestimmung der Länge. Vor dem Anstauchen wird nach dem in Deutschland noch fast durchweg üblichen Arbeitsverfahren das Schraubeneisen (Stange oder Draht) zunächst in Stücke zerschnitten, die als „Pinne“ den Ausgangsstoff für die weitere Verarbeitung darstellen.

Vor dem Schneiden der Pinne tritt die sehr wichtige Frage nach ihrer Länge auf, d. h. es muß zunächst festgestellt werden, wie groß die Zugabe für das Anstauchen des Kopfes sein muß. Bei der Festlegung der Pinnlänge spielt schon die Art des Stauchens eine große Rolle. Wie die späteren Darlegungen ergeben, werden die Köpfe je nach ihrer Form mit oder ohne Grat angestaucht. In Deutschland werden Sechs- und Vierkantköpfe ohne Grat auf sog. Bolzenkopfschmiedemaschinen, alle anderen dagegen auf Pressen mit Grat angestaucht. Es ist klar, daß das Stauchen mit Grat eine größere Länge verlangt, als zum Ausfüllen der Kopfform wirklich notwendig ist. Die besondere Zugabe zur Bildung des Grates ist um so größer, je dicker und im Durchmesser größer dieser ausfällt. Infolgedessen liegen in dieser Zugabe eine Reihe von Unsicherheiten, die nicht nur durch die unvermeidlichen Ungenauigkeiten in der Herstellung und Abnutzung der Werkzeuge verursacht werden, sondern auch ihren Grund finden in der Art und Größe der zum Stauchen benutzten Presse. Eine für alle Fälle gültige Berechnung der notwendigen Längenzugabe bei bekannten Abmessungen der Köpfe läßt sich daher für das Anstauchen mit Gratbildung nicht durchführen; die rechnerische Ermittelung der Längenzugabe hat überhaupt nur dann einige Aussicht auf Genauigkeit, wenn auf Grund eingehender praktischer Erfahrungen an den zur Verwendung kommenden Maschinen Größe und Stärke des zu bildenden Grates mit ziemlicher Sicherheit vorausbestimmt werden können.

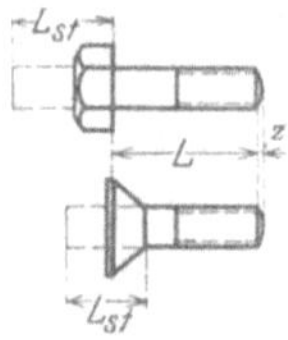

Abb. 1.

Die beigefügten Tabellen sollen daher nur Wegweiser sein und geben Längenzuschläge und freie Stauchlängen für die gebräuchlichsten rohen Schrauben an, die jedoch nach dem vorstehenden in jedem Falle einer praktischen Nachprüfung bedürfen. In den Tabellen bedeutet (Abb. 1):

L_z den Längenzuschlag zu der in den DIN-Blättern angegebenen Länge L

L_{st} die freie Stauchlänge; z die Höhe der Kuppe

$d_m = \frac{d_{max} + d_{min}}{2}$ den mittleren Durchmesser des Rohstoffs.

$\gamma = \frac{L_{st}}{d_m}$ das Verhältnis von Stauchlänge zum mittleren Durchmesser des Rohstoffs.

Abb. 2. Einständer-Kurbelschere.

Bei der Ermittlung von L_{st} ist angenommen, daß bei Schrauben mit Vierkantansatz dieser noch klemmend und richtunggebend auf den Bolzen wirkt. Es wird dies nur bei neuem Werkzeug und nur dann zutreffen, wenn die Weite des Vierkants mit dem Schaftdurchmesser übereinstimmt und nicht von vornherein größer genommen ist.

γ spielt eine besondere Rolle bei der Beurteilung der Frage, ob der Schraubenkopf mit einem Druck fertig gepreßt werden kann, oder ob mehrere Stauchdrucke nötig sind.

2. Rundeisenscheren für Stabeisen. Das in Stäben von etwa 4÷5 m gelieferte Walzeisen wird in Scheren verschiedenster Ausführung zerschnitten.

Abb. 2 veranschaulicht eine Kurbelschere einfachster Bauart mit fliegendem Antrieb. Die Stangen werden durch die Öffnungen des unteren Messers hindurch gegen einen verstellbaren Anschlag gestoßen und beim Abwärtsgang des Schlittens durch das obere Messer abgeschnitten.

Abb. 3 zeigt eine ähnliche Schere, jedoch wesentlich stärkerer Bauart, mit doppelseitigem Ständer und Rädervorgelege. Die Maschine arbeitet ebenso wie die in Abb. 2.

Durch die Formgebung der Messer, die dem Querschnitt des zu schneidenden Werkstoffs gut angepaßt sind, kann man erreichen, daß die Schnittflächen fast nicht verdrückt werden; jedoch wird ohne weiteres niemals senkrecht zur Achse der Stange geschnitten. Das nach abwärts gehende Messer (Abb. 4) sucht zunächst das freie Ende *b* der Stange nach unten zu biegen und diese selbst nach oben. Dann erst tritt das Abscheren ein. Aus später ersichtlichen Gründen muß man bei der Herstellung der Schrauben Wert auf senkrechte Schnittflächen legen. Daher ist ein Niederhalter *c* angebracht, der ein Heben der Stange verhindert. Es kann dann nur der abzuschneidende Rohling nach unten, nicht aber die Stange nach oben gedrückt werden. Die beiden Schnittflächen stehen also verschiedenartig zur Stangenachse, die vordere ist senkrecht, die hintere schräg.

Abb. 3. Schwere Zweiständer-Kurbelschere.

Auf verschiedene Weise hat man sich bemüht, auch die zweite Schnittfläche gerade zu halten, z. B. indem man an dem Anschlag *b* (Abb. 4) eine Halteleiste anbrachte, die ein Abbiegen des abzuschneidenden Stückes hindert. Der Anschlag muß dann gleichzeitig mit dem abwärts gehenden Messer nach unten geführt werden.

Abb. 5 zeigt eine schwere Schere zum Abschneiden von Rundeisen bis zu 55 mm ⌀ mit Einrichtung für beiderseits rechtwinkligen Schnitt. Zum Niederhalten der Stangen dienen Büchsenmesser, durch die die Stangen hindurchgeschoben werden. Der Anschlag ist in einem senkrecht beweglichen Schlitten hinter der Schere gelagert, der zwangläufig beim Schnitt entsprechend der Schnittgeschwindigkeit nach unten gedrückt wird. Beim Hochgehen des Messerschlittens bewegt sich der Anschlag durch Gewichtsbelastung wieder nach oben, bis er in der für die Einführung der Stange richtigen Stellung festgehalten wird.

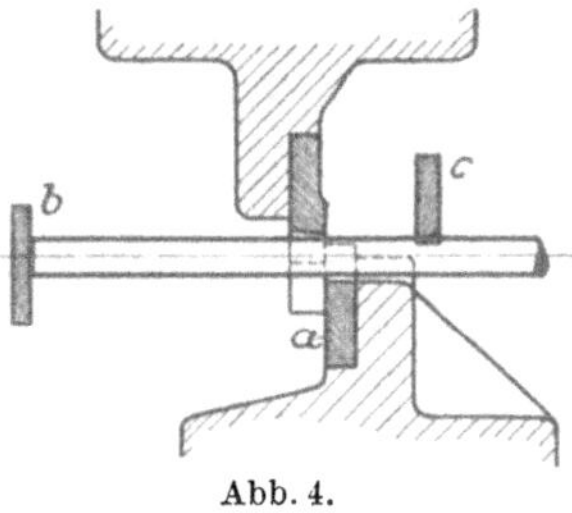

Abb. 4.

Eine grundsätzlich anders arbeitende Rundeisenschere zeigt Abb. 6. An die Stelle der Kurbel ist hier eine Kurvenscheibe getreten, die auf eine im beweglichen Schlitten gelagerte Rolle drückt. Der Druck wird nur zum Niedergang des Messerschlittens, also zum Schneiden ausgeübt, während beiderseits angeordnete kräftige Federn den Schlitten nach oben zurückziehen. Durch die Verwendung einer Kurvenscheibe kann der Bewegungsvorgang des Schlittens nach Belieben gesteuert werden und von der Sinusschwingung des gleichmäßig sich drehenden Kurbelmechanismus abweichen: abwärts bewegt der Schlitten sich schneller, ebenfalls zurück bis zur oberen Totpunktlage, wo er einen Augenblick stillsteht, um dem Arbeiter Zeit zum Vorschieben der Stange zu geben. Der schnellere Hub ist Zeitgewinn. Die Schere kann also mit größerer Umdrehungszahl laufen und mehr leisten und trotzdem dem Arbeiter die gleiche Zeit zum Vorschieben der Stange geben. Dagegen erscheint die Betriebssicherheit einer Kurbelschere größer und die Gefahr von Störungen geringer. Auch die Schere nach Abb. 6 schneidet die Pinne an beiden Seiten winklig und gerade. Die Vorrichtung mit dem Anschlag arbeitet hier nach beiden Richtungen hin zwangläufig.

Abb. 5. Schwere Zweiständer-Kurbelschere mit Einrichtung für rechtwinkligen Schnitt.

Es finden sich auch Scheren, die mit waagerecht verschiebbaren Messern arbeiten und teilweise eine selbsttätige Einziehvorrichtung für die Stange haben. Sie ähneln in ihrer Bauart schon ganz den Drahtscheren, die zum Abschneiden des in Ringen angelieferten, gezogenen Drahtes verwendet werden.

3. Drahtscheren. Bei den Drahtscheren sind zwei grundsätzlich verschiedene Bauarten zu unterscheiden, die schematisch in den Abb. 7 und 8 dargestellt sind. Der Unterschied liegt im Vorschub des Drahtes. In Abb. 7 schwingt eine Scheibe *c* mit Sperrklinke *d* durch den Antrieb der Kurbel *a* und Schubstange *b* lose auf einer Achse *e*. Die Sperrklinke greift in ein Sperrklinkenrad *f*, das durch die Welle *e* mit der Transportrolle *r* fest verbunden ist. Bei jeder Umdrehung von *a* wird die Transportrolle nur ein Stück gedreht und dementsprechend der Draht vorgeschoben. Um den Vorschub immer genau gleichmäßig zu erhalten, ist ein Anschlag *k* angeordnet, gegen den der Draht beim Vorschub stößt. Da bei dem Vorschub des Drahtes durch die Transportrollen zeitweilig ein Gleiten unvermeidlich ist, so muß der Hub der Sperrklinke immer ein wenig größer eingestellt werden, als zum Erreichen des Anschlags durch den Draht notwendig wäre. Dieser stößt also ziemlich heftig an, und die Transportrollen gleiten ein Stück. Durch das Anstoßen gegen den Anschlag bildet sich an der Vorderkante des Drahtes leicht ein geringer Grat,

Abb. 6.
Rundeisenschere mit Kurvenscheibenantrieb.

der schon genügen kann, um beim Anstauchen des Kopfes in einer geschlossenen Matrize das Einführen in diese zu erschweren.

Diesen Nachteil vermeidet die Art des Vorschubs nach Abb. 8. Hier ist an einem Schlitten *a*, durch den der abzuschneidende Draht hindurchgeführt wird, ein um den Bolzen *b* schwingbarer Winkelhebel *w* mit Nase *n* angebaut, der durch eine Kurbelschleife bewegt wird. Diese greift an dem freien Ende *f* des Winkelhebels *w* an und preßt durch die Nase *n* den Draht auf den Schlitten auf. Dadurch wird gleichzeitig die Drehbewegung um den Bolzen *b* begrenzt, und der Schlitten wird mit dem festgeklemmten Draht vorgeschoben. Beim Rückhub wird zunächst die Nase abgehoben und der Winkelhebel bis zu einem Anschlag nach oben bewegt. Dann geht der Schlitten zurück.

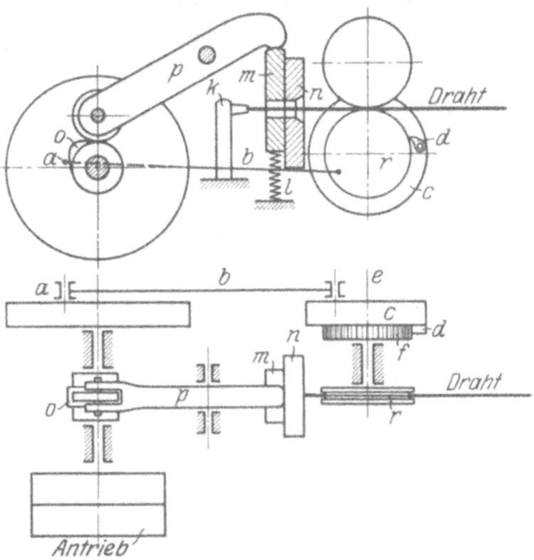

Abb. 7. Schema einer Drahtschere mit Rollenvorschub.

Hier ist ein besonderer Anschlag, gegen den der Draht stößt, nicht notwendig, denn der Draht kann nicht gleiten, wird vielmehr jedesmal um ein genau gleiches Stück vorgeschoben. Das Festklemmen des Drahtes zwischen Nase und Schlitten erzeugt allerdings jedesmal eine kleine Kerbe. Doch ist diese bei der weiteren Verarbeitung nicht so hinderlich wie der nach dem vorigen Verfahren beim Anstoßen erzeugte Grat. Dieser hindert, wie bereits erwähnt, leicht die Einführung in die geschlossene Matrize, da er sich am Ende befindet; die Kerbe dagegen wird immer mehr oder weniger in der Mitte sein, so daß der Draht sicher in die Matrize eingeführt und durch die Presse voll hineingedrückt werden kann.

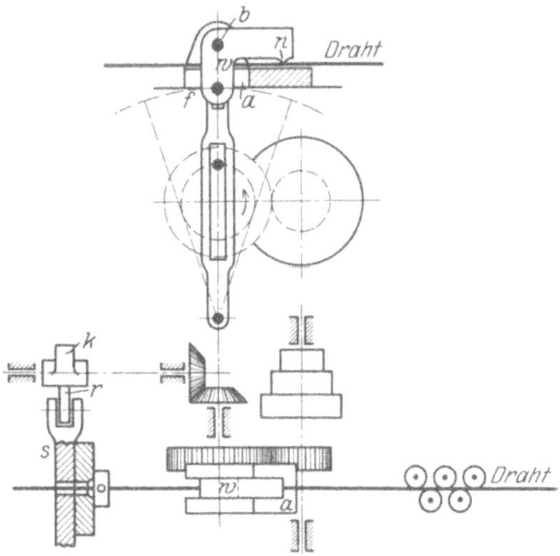

Abb. 8. Schema einer Drahtschere mit Klemmvorschub.

In Verbindung mit einem der beschriebenen Vorschubverfahren können die Drahtscheren in der verschiedenartigsten Weise ausgeführt werden.

Sehr einfach wird in Abb. 7 das bewegliche Messer *m* durch eine Druckfeder oben in der Ruhelage gehalten und zum Abschneiden durch den von der Kurvenscheibe *o* gesteuerten Hebel *p* nach unten gedrückt, wobei es an dem festen Messer *n* entlang gleitet.

In Abb. 8 ist die Einrichtung ähnlich: das Messer ist waagerecht beweglich, und die Kurvenscheibe *k* drückt unmittelbar auf die Rolle *r* am Messerschlitten *s*

Die Drahtscheren werden mit einer Vorrichtung zum Geraderichten des Drahtes gebaut. Sie besteht aus zwei Gruppen von Rollen, die eine waagerecht, die andere senkrecht gelagert, die sich versetzt gegenüberstehen. So gelangt der Draht gerade gerichtet in die Vorrichtung für den Vorschub hinein.

Die Leistungen der Drahtscheren sind je nach der Ausführung der Scheren sehr verschieden und schwanken zwischen 2500 und 3500 Stück in der Stunde. Bei einer Stabeisenschere, wo ein Mann den Vorschub besorgt und die neuen Stangen der Maschine wieder zuführen muß, halten sich die Leistungen um 1500 Stück in der Stunde.

B. Warmpressen und Schmiedemaschinen.

1. Allgemeines. Zum Anstauchen des Schraubenkopfes an den rotwarmen Rohling werden in Deutschland in der Hauptsache zwei verschiedene Maschinenarten benutzt: die Reibungspresse (Vincentpresse), die durch einen, in besonderen Fällen durch zwei Drucke den Kopf fertig preßt und ihn mit Grat umgibt, und die Schmiedemaschine, die den Schraubenkopf durch mehrere, von verschiedenen Seiten hammerartig arbeitende Werkzeuge mit einer Reihe von Schlägen gewissermaßen knetend formt und hierbei gleich den fertigen Kopf ohne Grat zustande bringt.

Welches Herstellungsverfahren vorzuziehen ist, ist nicht immer ohne weiteres zu entscheiden, da nicht nur die Kosten der Herstellung, sondern auch Aussehen und Einhaltung von zugelassenen Maßabweichungen oder sonstige Vorschriften eine Rolle spielen. Die größeren deutschen Schraubenfabriken verwenden zur Herstellung warmgepreßter Sechskant- und Vierkantschrauben die Bolzenkopfschmiedemaschine, während Flachrundschrauben, Senkschrauben, Kegelsenkschrauben mit und ohne Vierkant oder Nase auf Friktionspressen mit Grat gepreßt werden. Es finden sich jedoch im Handel auch warmgepreßte Sechskant- und Vierkantschrauben, die ebenfalls auf Friktionspressen hergestellt und nachträglich entgratet sind.

Außer auf Vincentpressen und Schmiedemaschinen werden die gleichen Schrauben auch auf weiteren Maschinenarten hergestellt, die sich jedoch in größerem Umfange bis heute in Deutschland nicht eingeführt haben.

Bei all diesen Maschinen der verschiedensten Bauart werden die Rohlinge zunächst von der Stange abgeschnitten und von Hand in die Matrizen eingeführt, sei es, daß sie erst nach dem Abschneiden erwärmt oder von der ein langes Stück erhitzten Stange abgeschnitten werden. Es ist klar, daß die Arbeitsgeschwindigkeit um ein ganz beträchtliches stiege, wenn die Einführung jedes einzelnen Bolzens von Hand in die Maschine ausgeschaltet werden könnte und bei fortlaufender Zuführung des gewärmten Rohstoffs abwechselnd geschnitten und gepreßt würde. In Amerika ist dieses Verfahren bereits weitgehend ausgebildet. Man führt Stangen oder Draht durch einen vor der Presse aufgestellten Ofen. In der Presse selbst werden die Rohlinge abgeschnitten und mit einem Druck der Kopf fertig gepreßt. Eine Übertragung dieses Verfahrens ist bisher nach Deutschland nur in geringem Umfange gelungen; es ist aber zu erwarten, daß es sich weiter einführen wird.

2. Vincentpressen. a) Arbeitsweise. Die Reibungspressen System Vincent arbeiten in folgender Weise (Abb. 9): der an der Stauchseite hellrot angewärmte Bolzen wird in eine senkrecht stehende, geschlossene Matrize eingeführt, die in einem Schlitten sitzt, der den Bolzen nach oben gegen eine feste Kopfform stößt. Hierbei staucht sich der Kopf an. Ist dieser so groß, daß er mit einem Druck nicht fertiggestellt werden kann, so wird zweimal gestaucht, wobei der vorstehende Teil des Rohlings zunächst in eine Vorstauchform, dann in den Fertigstauchkopf gepreßt wird. Beim Rückgang des Schlittens wird durch Aufsetzen auf einen Dorn der Schraubenbolzen aus der Matrize ausgestoßen oder bei größerer Länge wenigstens angehoben. Nach seiner Entfernung wird ein neuer Rohling eingeführt, und das Spiel beginnt von neuem.

b) Aufbau. Abb. 10 zeigt eine Vincentpresse, in der für die Schraubenfabrikation gebräuchlichen Ausführung. In einem senkrechten Rahmengestell kann der Schlitten sich zwischen zwei Gleitbahnen bewegen. Er hat die Form eines offenen Rechtecks, in dessen oberem, kurzen Balken eine Mutter eingelassen ist, durch die die Bewegungsspindel hindurchragt. Die Spindel trägt an ihrem unteren Ende einen gegen Drehung gesicherten Kopf zur Aufnahme des Stauchwerkzeugs. Der obere zylindrische Teil der Spindel ist in dem Rahmengestell senkrecht gelagert, ragt nach oben über das Lager hinaus und trägt hier eine mit Leder belegte kegelige Reibscheibe. Rechtwinklig dazu sitzen auf der waagerechten Antriebswelle die beiden gleichartigen treibenden Scheiben. Die Welle trägt an der einen Seite (rechts) Fest- und Losscheibe für den Antrieb, am anderen Ende ist sie mit einem Hebelmechanismus verbunden, der dem Presser durch einen Druck mit der linken Hand gestattet, die eine oder andere der beiden senkrechten Scheiben gegen die Reibscheibe der Spindel anzulegen. In dem unteren Querstück des Schlittens befindet sich eine Bohrung mit Befestigung für die Matrize. Auf dem Bodenstück des Gestells sitzt die Vorrichtung zum Auswerfen des fertig gepreßten Bolzens. Das Gewicht des Schlittens wird durch einen Gewichtshebel ausgeglichen. Die Vincentpressen neuerer Bauart besitzen häufig in dem unteren Spindelkopf noch eine Vorrichtung zur Aufnahme mehrerer Kopfformen, die durch einen Griff des Arbeiters nacheinander unter die Mitte der Spindel zu schieben sind. (Abb. 11)

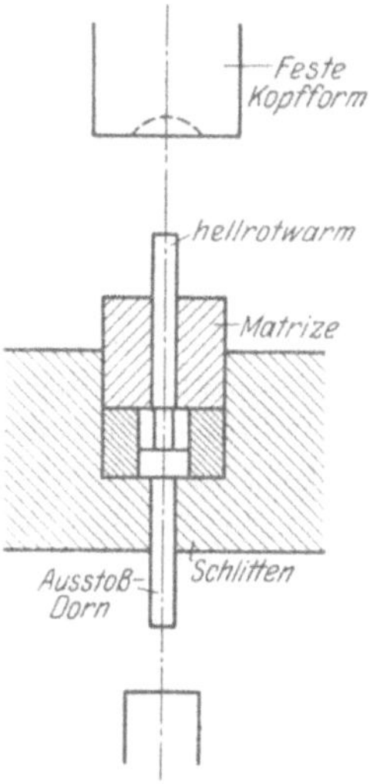

Abb. 9. Schema der Arbeit der Vincentpresse.

Abb. 10. Vincentpresse.

Abb. 11. Vincentpresse mit Vorstaucher.

Durch Drücken des Handhebels wird die Antriebswelle oben seitlich verschoben, bis eine der beiden Kegelscheiben sich an die mittlere Gegenscheibe legt und sie nebst der mit ihr verbundenen Gewindespindel dreht. Durch die im oberen Querbalken des Schlittens eingelassene Mutter wird dieser nun hochgeschraubt, und die im unteren Querbalken befestigte Matrize stößt gegen die im unteren Kopf der Gewindespindel befestigte Kopfform.

Heben des Handhebels drückt die andere Kegelscheibe an die Spindelscheibe und kehrt ihre Drehbewegung um: die Spindel schraubt den Schlitten nach unten. Die Ausstoßvorrichtung dringt von unten in die Matrize ein und hebt den fertig gepreßten Bolzen hoch.

Nach dem Pressen wird die Matrize durch zufließendes Wasser gekühlt, da sie sonst bald zu hohe Temperaturen annähme.

c) Anwärmen der Rohlinge. Die Rohlinge der Bolzen, die „Pinne", werden in einem besonderen Ofen gewärmt, der möglichst nahe der Maschine aufgestellt ist. Wo Leuchtgas zur Verfügung steht, wird wohl der Ofen damit geheizt; meist sind jedoch noch drehbare Koksöfen im Gebrauch, wie sie Abb. 12 zeigt. Der eigentliche Ofen von quadratischem Querschnitt mit untergebautem Aschenfall sitzt drehbar auf dem Fuß, durch den der Gebläsewind zugeleitet wird. Oben ist eine Öffnung zum Entweichen der Verbrennungsgase und kurz darunter an der Seite eine weitere Öffnung zum Auffüllen von Koks. Der eiserne Rahmen ist mit feuerfesten Steinen ausgemauert, in denen sich kleine Öffnungen befinden, gerade so groß, um das Durchstecken der zu verarbeitenden Pinne zu gestatten.

Abb. 12.
Drehbarer Koksofen.

Ofen und Presse werden von zwei zusammengehörenden Arbeitern bedient. Auf allen vier Seiten des Ofens werden die Pinne in die Wärmeöffnungen eingelegt, bis sie an einer Seite schweißwarm sind. Dann werden sie der Reihe nach von dem Wärmer herausgenommen und in eine handgerecht an der Presse angebrachte Blechmulde hingelegt, von wo sie durch den Presser gleich in die Matrize eingeführt werden. Die aus dem Ofen herausgenommenen Pinne werden sofort durch neue ersetzt, so daß ein ununterbrochener Betrieb möglich ist, bis der Ofen leergebrannt ist.

d) Werkzeug. Das auf der Vincentpresse verwendete Werkzeug besteht aus Unter- und Obergesenk, oder wie es in der Schraubenfabrikation bezeichnet wird, aus Matrize und Kopfform. Um den Kopf bis zur äußersten Begrenzung wirklich mit Werkstoff auszufüllen, preßt man mit Grat. Der Pinn wird länger gelassen, als es das Volumen des fertigen Kopfes erfordert. Der Überschuß wird dann beim Stauchen gezwungen, über die Begrenzung des Kopfes zwischen Matrize und Kopfform seitlich hinauszutreten. Es bildet so einen dünnen, in seinem Umfang unregelmäßig begrenzten Grat, der nach dem Pressen entfernt wird.

Vor der Anfertigung der Werkzeuge muß die Frage geklärt werden, welcher Teil des Bolzens und des anzustauchenden Kopfes von der Matrize, und welcher von der Kopfform aufzunehmen ist, d. h. wie die Gesenkform geteilt wird. Der für die Entscheidung dieser Frage zunächst maßgebende Gesichtspunkt ist die Notwendigkeit, nach dem Pressen die Kopfform leicht von dem gepreßten Kopf abheben und dann den Bolzen einfach aus der Matrize herausnehmen zu können. Teilweise ergibt sich hierdurch die Lösung ganz eindeutig und von selbst aus der Form des Schraubenkopfes: bei einer Flachrund- oder Senkschraube kann es gar nicht zweifelhaft sein, daß die Trennlinie zwischen Unter- und Obergesenk am größten Kopfdurchmesser liegen muß, wo dann auch der Grat entsteht (Abb. 13 bis 15).

Anders liegen die Verhältnisse, wenn auf der Vincentpresse ein Schraubenkopf angestaucht werden soll, der in seinem Umfang zylindrisch oder prismatisch geformt ist. Hier kann die Lage der Trennfuge zunächst zweifelhaft sein. Es muß aber von vornherein bemerkt werden, daß sich genau zylinder- oder prismenförmige Köpfe auf der Vincentpresse überhaupt nicht herstellen lassen, da Matrize und Kopfform den hineingestauchten Werkstoff nicht loslassen würden. Die Begrenzungsflächen werden daher immer etwas geneigt ausgeführt (Abb. 16 u. 17).

In Abb. 16 ist der Sechskantkopf ganz im Obergesenk gestaucht, nur der Schaft steckt in der Untermatrize. Der Grat muß infolgedessen an der unteren Begrenzung des Kopfes entstehen. Dies ist die normale Ausführung. Man könnte die Gesenke jedoch auch nach Fig. 17 herstellen, wo der Kopf zur Hälfte in jedes Gesenkteil gestaucht ist. Das würde zunächst ein Einarbeiten des Sechskants in beide Teile nötig machen und beim Stauchen außer dem genauen zentrischen Übereinstimmen beider Werkzeuge noch ein genaues Zusammenfallen der Sechskantflächen erfordern. Dann aber würden beim Entgraten auch größere Unbequemlichkeiten entstehen.

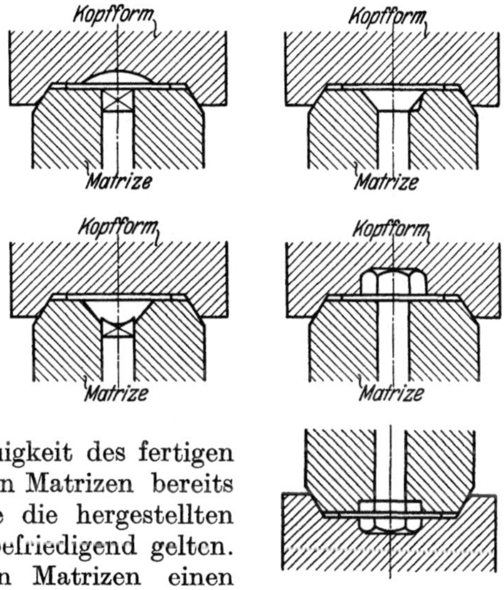

Abb. 13—17. Teilung der Kopfgesenke.

Für die Lebensdauer der Werkzeuge ist nicht nur der verwendete Stahl maßgebend, sondern auch die Anforderungen an die Güte und Genauigkeit des fertigen Stückes. In dem einen Betriebe werden Matrizen bereits ausgewechselt, wenn an anderer Stelle die hergestellten Schraubenbolzen noch als durchaus befriedigend gelten. Früher hat man zur Herstellung von Matrizen einen Bessemerstahl mittlerer Härte (Bochumer Bessemerstahl Härte $5^1/_2$) verwendet, der auf etwa 800° erhitzt, im Wasser abgeschreckt und dann angelassen wurde. Allmählich ist dieser Stahl völlig verdrängt worden, wenigstens in der Massenfabrikation; er dürfte heute nur noch dort angewendet werden, wo es sich um die Sonderanfertigung kleiner und kleinster Stückzahlen handelt, wo es also nicht auf die Haltbarkeit des Werkzeugs ankommt, sondern lediglich der geringe Stahlpreis ausschlaggebend ist. Bei Flachrundschrauben mit Vierkantansatz kann auf einer Matrize aus Bessemerstahl eine Stückzahl von im günstigsten Falle 1500 bis 2000 nicht überschritten werden, wenn man auf eine saubere Fläche unter dem Kopf und ein scharf ausgepreßtes Vierkant Wert legt.

Der heute verwendete Stahl ist stark mit Wolfram und Chrom legiert und enthält auch wohl noch andere hochwertige Metalle, wie z. B. Molybdän. Seine Zusammensetzung ist etwa: 0,25% C, 3% Cr, und 9% W. Seine Behandlung ist gänzlich verschieden von der des gewöhnlichen Bessemerstahls und erfordert eine gut eingerichtete Härterei und vor allem gut eingearbeitete Facharbeiter. Seine Härtetemperatur liegt bei 1000÷1200°. Das Abkühlen geschieht an der Luft oder in Tran oder Öl. Beim Anlassen geht man mit der Temperatur bis auf 650°.

Schon aus den Härte- und Anlaßtemperaturen läßt sich ersehen, daß ein solcher Stahl für das Preßwerkzeug geeigneter sein muß. Der in die Matrize eingeführte Rohling wärmt diese an. Vor allem nehmen die scharfen Kanten zwischen Bohrung und Oberfläche eine hohe Temperatur an, da hier durch den Stauchvorgang das Material sich besonders eng an das Werkzeug anschmiegt. Mit Leichtigkeit können hier Temperaturen entstehen, die erheblich höher sind, als zum Anlassen von Bessemerstahl notwendig ist. Dieser muß daher weich werden, besonders wenn sich dieses Erwärmen immer wiederholt. Hieran vermag auch das nach Entfernung des gestauchten Bolzens zufließende Kühlwasser nichts zu ändern: die weich gewordenen Kanten vermögen die mechanische Beanspruchung beim Stauchen nicht mehr auszuhalten, sie drücken sich ein, die Matrize platzt in den Ecken der Vierkante auf und wird allmählich gänzlich unbrauchbar.

Bei den legierten Stählen liegt dagegen die Anlaßtemperatur so hoch, daß die Kanten der Matrize selbst dann nicht weich werden, wenn sie auf dunkle Braunrotglut erhitzt sind. Freilich wirkt schließlich auch auf den besten Stahl der stetige Wechsel von Erhitzung und Abkühlung zermürbend ein. Je nach Größe werden in einer Matrize aus hochlegiertem Wolframstahl 12÷20000 Stück Flachrundschrauben mit Vierkantansatz gestaucht. Wenn auch bei diesen Stückzahlen die Werkzeuge häufig noch nicht unbrauchbar erscheinen, so werden doch durch allmähliches Ausweiten die Maßabweichungen so groß, daß die Werkzeuge sich aus diesem Grunde nicht mehr verwenden lassen.

Die gleichen Ausführungen, wie sie vorstehend für die Matrize gemacht sind, gelten sinngemäß für die Kopfform. Hier läßt sich schon eher ein billiger Stahl verwenden. Die Kopfform ist nur im Augenblick des Preßvorgangs mit den gewärmten Bolzen in Berührung, die Erhitzung kann also nicht stark sein. Sodann ist auch die mechanische Beanspruchung geringer. Für die Kopfform wird der gleiche Stahl wie für die Matrizen verwendet. Häufig läßt man auch das Chrom in der Zusammensetzung fehlen und gibt nur etwa 10% W zu.

Erwähnt mag noch sein, daß man wohl aus Ersparnisgründen in einen Mantel aus billigem eine Seele aus hochwertigem Stahl als Matrize einzieht. Die Ersparnis an Werkstoffkosten ist bedeutend, wird jedoch teilweise durch die Mehrarbeit bei der Herstellung wieder aufgewogen.

e) Leistung. Die Leistungen an Vincentpressen mittlerer Größe für Schrauben von etwa 10÷20 mm ⌀ bewegen sich um etwa 500 Stück in der Stunde. Bei kurzen Bolzen, die durch den Hub der Maschine von selbst ausgestoßen werden, steigt die Leistung; bei längeren, die aus der Matrize gehoben werden müssen, sinkt sie.

3. Bolzenkopfschmiedemaschinen. a) Arbeitsweise. Zum Anstauchen von Schraubenköpfen mit ebenen Begrenzungsflächen parallel zur Schraubenachse, wie Sechskant-, Vierkant- und Hammerkopfschrauben, hat sich in der Schraubenindustrie eine eigenartige Schmiedemaschine herausgebildet, die den Bolzenkopf von allen Seiten mit Hammerschlägen formt. Der zum Anstauchen bestimmte, über die hier zweiteilige Matrize vorstehende hellrotwarme Teil des Rohlings wird zunächst durch einen zentrischen Schlag eines Stauchkopfes in Zylinderform auf die Höhe des Kopfes zusammengestaucht, dann von seitlichen Hämmern bearbeitet, um die Seitenflächen zu formen. Stauchkopf und Hämmer pressen den Werkstoff in abwechselnden Schlägen hin und her, ihre äußersten Stellungen schließen gerade den fertigen Bolzenkopf ein.

Die Anzahl der Hämmer ist meistens vier. Zum Schmieden von Vierkantköpfen haben alle vier Seitenhämmer eine ebene Kopffläche. Sollen Sechskantköpfe auf einer Vierhammermaschine hergestellt werden, so müssen zwei sich gegenüberliegende Hämmer an ihrer Aufschlagfläche zu einem 120° Prisma ausgearbeitet sein.

Es werden zum Schmieden von Sechskantköpfen auch Sechshammermaschinen gebaut, deren Hämmer wieder alle ebene Kopfflächen besitzen.

Den Stauchvorgang erläutert Abb. 18: Die Matrize zum Halten des Bolzenschafts ist geteilt in die zwei Klemmbacken K_1 und K_2. Sie klemmen mit einer halbrunden Nute den Bolzen so fest, daß der zu stauchende warme Teil über die vorderen Würfelflächen vorsteht. Der Kopf S staucht axial vor, während die beiden Hämmer H_S mit den geraden und die Hämmer H_V mit den prismatischen Flächen den Sechskant aushämmern.

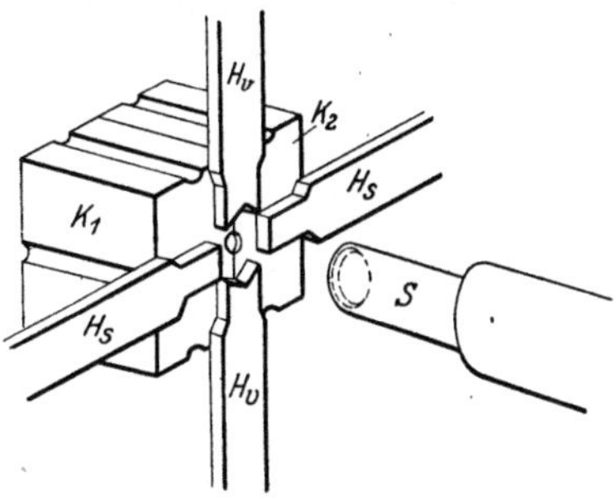

Abb. 18. Schema des Arbeitens der 4-Hammer-Maschine.

Da sich beim Hämmern kein Grat bilden soll, muß jedes Werkzeug in den Bereich des benachbarten hinüberfassen. Die Abb. 19 und 20 erklären dies deutlicher. Die Breite b (Abb. 19) der Hämmer ist größer als die Kopfhöhe k des Bolzens, und die Entfernung s des Stauchkopfes von den Klemmbacken in der Endlage ist kleiner als k. Daß die Hammerflächen von H_S wie H_V auch breiter sind als die Kopfflächen, zeigt Abb. 20. Aus dieser für ein Schmieden ohne Grat erforderlichen Form der Werkzeuge ergibt sich mit Notwendigkeit, daß mehrere Werkzeuge nur dann gleichzeitig das Werkstück berühren dürfen, wenn sie nicht benachbarte Flächen bearbeiten. Im anderen Fall würden die Werkzeuge sich gegenseitig treffen und zerstören.

Betrachten wir den Arbeitsgang einer Vierhammermaschine genauer. Sie ist am weitesten verbreitet, und die hier maßgebenden Überlegungen gelten in gleicher Weise für die Sechshammermaschine. Die Konstruktionseinzelheiten sind ebenfalls die gleichen.

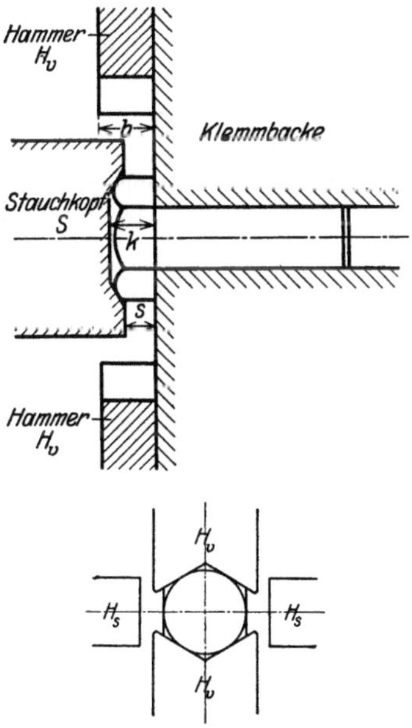

Abb. 19 u. 20. Übergreifen der Werkzunge der 4-Hammer-Maschine.

Die Kopffläche des Bolzens ist mit sämtlichen Seitenflächen benachbart, der Stauchkopf darf also nicht gleichzeitig mit einem der Hämmer auftreffen. Aus Abb. 20 ist ersichtlich, daß ebenso entweder nur beide Winkelhämmer oder beide Flachhämmer zusammen auftreffen dürfen. Der Arbeitsgang des Schmiedens könnte also am einfachsten im Dreitakt erfolgen: Auftreffen des Stauchkopfs, der Winkelhämmer, der Flachhämmer. Verläßt man jedoch den gleichmäßigen Dreitakt und läßt lediglich dem Schlag des einen den eines anderen Werkzeugs folgen, so könnte theoretisch die Schlagfolge in der verschiedensten Weise geordnet werden, etwa:

Stauchkopf	oder	Stauchkopf	oder	Stauchkopf
Winkelhämmer		Winkelhämmer		Flachhämmer
Stauchkopf		Flachhämmer		Winkelhämmer
Flachhämmer		Winkelhämmer		Flachhämmer
Stauchkopf usw.		Stauchkopf usw.		Stauchkopf usw.

Man sieht, die Zahl der Kombinationen kann beliebig groß werden, sobald man die einfache Reihenfolge verläßt und in der Zeit zwischen dem zweimaligen Auftreffen des gleichen Werkzeugs andere Werkzeuge mehrere Male abwechselnd schlagen läßt. Praktisch ergibt sich jedoch aus dem Aufbau der Maschine nur e i n e ganz bestimmte Reihenfolge der einzelnen Schläge, die sich nicht abändern läßt, und zwar 1. Stauchkopf, 2. Seitenhämmer, 3. Senkrechthämmer, 4. Seitenhämmer, 1. Stauchkopf usw. Hierbei ist es gleichgültig, ob die Seitenhämmer als Flachhämmer und die Senkrechthämmer als Winkelhämmer ausgebildet werden oder umgekehrt.

Abb. 21. Bolzenkopfschmiedemaschine.

b) Aufbau der Maschine. Abb. 21 zeigt eine ausgeführte Vierhammer-Bolzenkopfschmiedemaschine. Sämtliche bewegte Teile werden von einer Kurbelwelle aus getrieben, die ihrerseits eine als Schwungrad ausgebildete Riemscheibe trägt und unmittelbar durch eine kurze Schubstange einen Schlitten bewegt. Dieser nimmt den Stauchkopf auf und überträgt gleichzeitig seine hin- und hergehende Bewegung durch Winkelhebel auf die in einem festen, senkrecht stehenden Kreuz gleitenden Hammerschlitten. Sämtliche Bewegungen der Werkzeuge müssen sich also innerhalb einer Umdrehung der Kurbelwelle abspielen und sich bei der nächsten Umdrehung in gleicher Weise wiederholen.

Der Stauchkopf im Hauptschlitten trifft auf das Werkstück bei e i n e r Totpunktlage des Kurbeltriebs. Die Hämmerschlitten sind mit dem Hauptschlitten so gekuppelt, daß in der anderen Totpunktlage das eine Hämmerpaar auftrifft, dagegen das andere in der Zwischenzeit. Aus der Eigentümlichkeit des Kurbeltriebs ergibt sich, daß bei einer Umdrehung der Kurbel der Schlitten jede Stellung zweimal durchläuft — außer den beiden Endstellungen in den Totpunktlagen des Kurbeltriebs, und zwar einmal beim Hingang und einmal beim Rückgang. Das eine Hämmerpaar, das so durch die Winkelhebel mit dem Hauptschlitten verbunden ist, daß es seinen Schlag in dem einen Totpunkt des Kurbeltriebs ausführt, erreicht nur einmal bei einer Kurbeldrehung den Endpunkt seines Hubes und führt hier seinen Schlag auf das Werkstück aus. Dagegen müssen die Schlitten des zweiten Hämmerpaares, das zwischen beiden Totpunktlagen aufschlagen soll, zweimal bei einer Kurbeldrehung ihre Endlagen erreichen, somit die Hämmer zweimal schlagen, einmal beim Hingang und einmal beim Rückgang des Hauptschlittens.

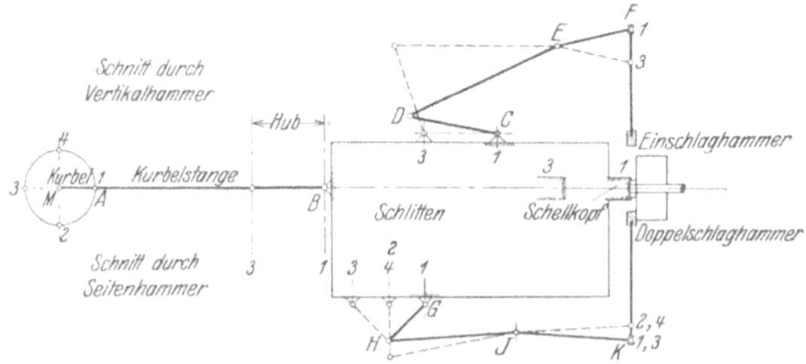

Abb. 22. Schema der Bolzenkopfschmiedemaschine.

Die einfachste Art, die Bewegung des Hauptschlittens auf die Hämmerschlitten zu übertragen, zeigt Abb. 22 schematisch. In der oberen Hälfte ist ein Schnitt durch den Antrieb der Einschlaghämmer (Senkrechthämmer), in der unteren Hälfte durch den Antrieb der Doppelschlaghammer (Seitenhämmer) dargestellt.

Zum Antrieb der Einschlaghämmer dient der Winkelhebel *DEF*, der, in sich starr, um den Punkt *E* drehbar gelagert ist. Durch eine um *D* und *C* drehbare Lasche ist der Winkelhebel mit dem Punkte *C* des Hauptschlittens verbunden. Das andere Ende *F* des Winkelhebels schwingt in zwei Pfannen des Hammerschlittens, wodurch seine Bewegung auf diesen übertragen wird. Der Winkelhebel *HJK*, drehbar um *J*, ist in gleicher Weise durch eine Lasche *HG* mit dem Bolzen *G* des Hauptschlittens verbunden und bewegt mit dem Ende *K* den Schlitten des Doppelschlaghammers.

Durch die Größe des Winkelhebels und der Laschen sowie durch entsprechende Anordnung der festen und der am Hauptschlitten befindlichen Drehpunkte ist

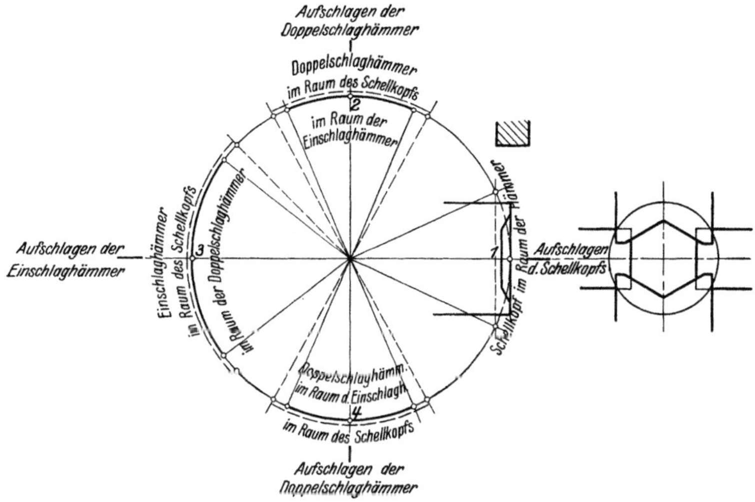

Abb. 23. Arbeitswegschaubild der Bolzenkopfschmiedemaschine.

erreicht, daß, gemäß den vorausgegangenen Betrachtungen, das Spiel der Werkzeuge sich ohne gegenseitige Störung vollzieht.

Abb. 22 zeigt die Totpunktlage der Kurbel in 1. Der Stauchkopf trifft auf und formt die Kopffläche des Werkstücks. Einschlag- und Doppelschlaghämmer stehen in ihrer äußersten Entfernung vom Schraubenkopf. Bei einer Drehung von 1 über 2 zu 3 nähern sich zunächst beide Hämmerarten dem Schraubenkopf, und die Doppelschlaghämmer erreichen bei der Stellung 2 der Kurbel bereits den Endpunkt ihres Hubes, schlagen hier auf und bewegen sich von 2 bis 3 wieder in ihre Ausgangsstellung zurück. Die Einschlaghämmer sind auch von 2 bis 3 weiter vorgerückt und treffen erst bei der Totpunktlage 3 der Kurbel auf das Werkstück auf. Bei der Drehung von 3 über 4 zu 1 ergibt sich das gleiche Spiel in umgekehrter Richtung. Die Einschlaghämmer entfernen sich gleichmäßig vom Werkstück, die Doppelschlaghämmer treffen bei der Kurbelstellung 4 auf und erreichen ihre andere Endstellung wieder bei 1.

Abb. 23 zeigt das Schaubild einer Kurbelumdrehung mit Kenntlichmachung der Zeitpunkte, wo die einzelnen Werkzeuge in den Bereich eines anderen Werkzeugs gelangen.

Damit mit Sicherheit sich störende Werkzeuge nicht zusammentreffen, muß bei der Anordnung nach Abb. 22 der Hub der Hammerschlitten unnötig groß gemacht werden. Um dem Stauchkopf seinen Aufschlag zu ermöglichen, brauchte der Hub des Hammerschlittens nicht größer zu sein als gerade zur Freigabe des vom Schellkopf bestrichenen Raumes nötig ist. Jedoch dürfte dann die Bewegung der Hammerschlitten nicht früher einsetzen, als bis der Schellkopf zurückgezogen ist und den Hämmern den Raum freigegeben hat. Die gleiche Überlegung gilt für die Hämmer untereinander.

Aus Abb. 22 ist aber ersichtlich, daß bei der gewählten Verbindung zwischen Haupt- und Hammerschlitten mit der Bewegung des Stauchkopfes gleichzeitig die der Hämmer einsetzt. Um den Hub der Hammerschlitten verkleinern zu können, müßte ein anderer Antrieb gewählt werden, der die Bewegung der Hammerschlitten erst dann einleitet, wenn der Raum, den der Hammer bestreichen muß, von den anderen Werkzeugen freigegeben ist.

Das ist mit Kurvenscheiben möglich, in denen die Endpunkte *D* und *H* der Hebelantriebe geführt werden. Die Kurvenscheiben sind dabei starr mit dem Hauptschlitten verbunden; ihre Kurven sind so ausgeführt, daß die Hammerschlitten während des größten Teiles vom Hub des Hauptschlittens sich in Ruhe befinden und nur vorgeschnellt werden, wenn für das Auftreffen des Hammers der Raum frei ist. Der Hub der Hammerschlitten ist daher denkbar gering. Die meisten heute auf den Markt gebrachten Maschinen weisen diese Bauart auf.

Bisher ist nur von Maschinen mit vier Hämmern die Rede gewesen. Zur Herstellung von Sechskantköpfen mußten hier in zwei Hämmer Winkel von 120° eingearbeitet werden. Es werden jedoch auch Maschinen mit sechs Hämmern gebaut, bei denen das Führungskreuz der Hammerschlitten zu einem Stern geworden ist, an dem die Gleitbahnen zueinander in Winkeln von 60° liegen. Diese Sechshammermaschinen sind nur zum Anschmieden von Sechskantköpfen zu benutzen. Die Hämmer erhalten alle eine gerade Fläche am Arbeitsende (Abb. 24).

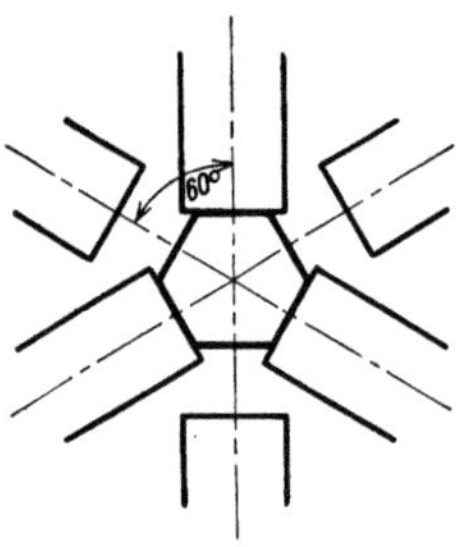

Abb. 24.

Entsprechend dem ganzen Aufbau der Schmiedemaschine und der Bewegungsrichtung des Hauptschlittens mit dem Stauchkopf ist auch die Achse der Klemmbacken waagerecht. Wie aus Abb. 18 ersichtlich, sind die Klemmbacken quaderförmig. In der Mitte der Seitenflächen werden halbrunde Längsnuten eingearbeitet, von denen sich zwei gegenüberstehen und so den zylindrischen Raum zur Aufnahme des Rohlings schaffen. Sind die ersten Nuten ausgenutzt, werden die Werkzeuge gedreht, bis alle vier Seiten aufgebraucht sind. Erst dann müssen sie nachgearbeitet werden. Die Länge der Werkzeuge braucht nicht der Länge der Bolzen zu entsprechen. Sie sollen nur unter dem zu stauchenden Kopfe das Werkstück festklemmen und so ein seitliches Ausweichen verhindern. Beim Nacharbeiten wird an den Stirnflächen Werkstoff abgenommen, da sich hauptsächlich an dem Übergang vom Bolzen zum Kopf der Schraube die Klemmbacken abnutzen. Durch das Nacharbeiten werden daher die Klemmbacken immer kürzer. Von hinten wird das Werkstück durch einen verstellbaren Anschlag gestützt.

Beim Einführen des Bolzens müssen die Klemmbacken nicht nur seitlich voneinander entfernt, sondern auch nach hinten zurückgezogen werden. Sonst würde der vorgehende Stauchkopf den Bolzen treffen, bevor er seitlich fest eingeklemmt ist. Zu diesem Zwecke sind die Klemmbacken in drehbaren Backenhaltern gelagert, die ihrerseits in einem in der Längsachse der Maschine verschiebbaren Schlitten sitzen. Oben und unten an den Backenhaltern angebrachte Bolzen führen sich so in Kurvenstücken, daß beim Vorschieben des Schlittens zunächst die Klemmbacken zusammengepreßt werden. Erst dann gerät der vorstehende Bolzenteil in den Bereich des Stauchkopfes.

Der Klemmbackenschlitten wird vorgeschoben durch Drehen einer gekröpften Steuerwelle *W* (Abb. 25), die waagerecht am hintern Ende der Maschine, senkrecht zur Bewegungsrichtung des Schlittens gelagert ist. Die Kurbel *k* ist durch eine Lasche *l* mit dem Backenschlitten *b* verbunden. Durch Drehen der Welle im Sinne des Uhrzeigers wird der Schlitten nach vorne gedrückt, umgekehrt nach hinten gezogen. Die äußerste Stellung zum Stauchkopf hin erreicht er in der Totpunktlage der Kurbel. Damit durch das Aufschlagen des Werkzeugs auf den zu stauchenden Bolzen der Schlitten nicht nach rückwärts verschoben werden kann, wird die Kurbel um ein geringes über den Totpunkt gehoben und eine weitere Drehung durch einen Anschlag *a* an Lasche und Kurbel unmöglich gemacht. Abb. 25 zeigt den Mechanismus in der Arbeitsstellung.

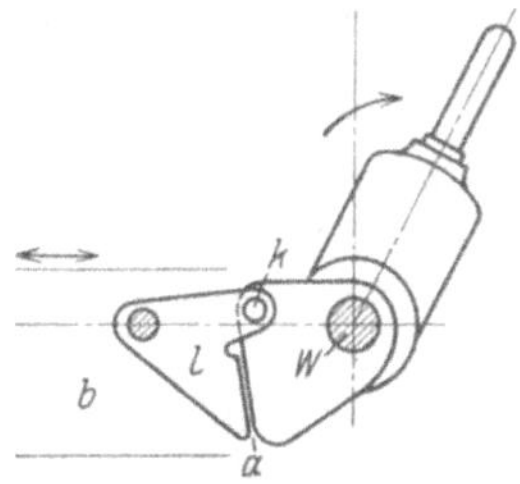

Abb. 25.

Es ist notwendig, daß der Backenschlitten seine vorderste Stellung erreicht hat und der vorschiebende Kurbelmechanismus seine völlig gesicherte Stellung einnimmt, bevor der Bolzen den ersten Schlag erhält. Sonst würde nicht der Bolzen gestaucht, sondern der Schlitten rückwärts geworfen werden. Durch Bedienung von Hand ist es unmöglich, diesen Zeitpunkt genau abzupassen. Das Vorschieben des Schlittens wird daher durch die Hauptwelle gesteuert, die selbst den Stauchkopf unmittelbar antreibt. Sie trägt zu diesem Zwecke an einer Seite fliegend angeordnet eine zweite Kurbel, die durch eine Zugstange *z* (Abb. 26A) einen drehbar auf dem Klemmbackenschlitten sitzenden zweiteiligen Hebel *d* (der vordere Teil ist in der Abb. abgenommen) in schwingende Bewegung versetzt. Die Steuerwelle trägt zwischen den beiden Hebelteilen *d* fest aufgekeilt einen Handhebel *h* mit zwei Anschlägen *r* und *s*. Um den Bolzen *m* drehbar, ebenfalls zwischen den Hebelteilen *d* sitzt ein Winkelhebel *a b*, der durch eine außerhalb gelegene kleine

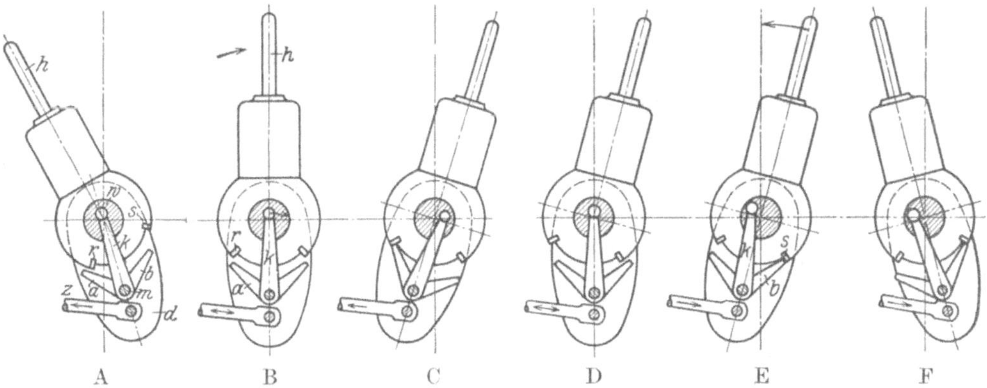

Abb. 26 A÷F. Wirkungsweise des Steuerwellenantriebs.

Handkurbel *k* bewegt werden kann. Durch eine Feder (in der Abbildung nicht gezeichnet) wird die Handkurbel *k* stets in Mittelstellung gehalten. Die Wirkungsweise des Steuerwellenantriebs ist in den Abb. 26 *A* ÷ *F* dargestellt:

In Stellung *A* ist der Klemmbackenschlitten gänzlich zurückgezogen und der Hebel *d* in seinem äußersten Ausschlag nach rechts. Die Zugstange *z* versetzt den Hebel *d* und mit diesem den Winkelhebel *a b* und die Handkurbel *k* in schwingende Bewegung. Der Anschlag *s* wird von dem Hebelteil *b* nicht erreicht und über *r* streicht der Hebelteil *a* hinweg. Eine Drehung des Winkelhebels durch die Handkurbel vermag also die Steuerwelle nach keiner Richtung zu einer Drehung zu veranlassen.

Nach Einführen des Bolzens zwischen die Klemmbacken wird die Steuerwelle durch Anziehen des Handhebels *h* in die Stellung *B* gedreht, der Klemmbackenschlitten so weit nach vorne geschoben, daß sich die Klemmbacken bereits schließen. Durch Drehen der Handkurbel *k* in der Pfeilrichtung legt sich jetzt der Winkelhebelteil *a* gegen den Anschlag *r* und dreht die Steuerwelle bis in Stellung *C*. Bei Loslassen federt die Handkurbel in die Mittelstellung zurück, und die Enden *a* und *b* des Winkelhebels pendeln über den Anschlägen *r* und *s* hin und her (Stellung *D*). Durch den Vorschub des Klemmbackenschlittens ist der Bolzen in den Arbeitsbereich der Werkzeuge getreten und der Kopf wird angeschmiedet. Wie oben schon erwähnt, steht jetzt die Kurbel der Steuerwelle kurz über dem Totpunkt und ist gegen weitere Drehung durch einen Anschlag gesichert.

Zum Öffnen der Klemmbacken wird die Handkurbel *k* nach links gelegt (Stellung *E*). Der Winkelhebel *b* faßt den Anschlag *s* und dreht die Steuerwelle bis zur Stellung *F*. Durch den Stoß fliegt der Klemmbackenschlitten noch weiter zurück bis in Stellung *A*, wodurch die Klemmbacken erst völlig geöffnet werden. Hier beginnt das Spiel von neuem.

Durch das Zurückwerfen des Klemmbackenschlittens bis in die Stellung *A*, das erforderlich ist, um die Backen ganz zu öffnen, ist es ohne weiteres nicht mehr möglich, durch Bewegen der Handkurbel *k* die Steuerwelle anstoßen zu lassen. Auch beim größten Ausschlag des Hebels *d* bleibt die Klinke *a* über dem Anschlag *r* und erst nach einem Anzug des Handhebels *h* gelingt der Anschlag von *a* gegen *r*. Es hat dies den Vorteil, daß niemals der Klemmbackenschlitten durch den Antrieb nach vorn gestoßen werden kann, wenn der Bolzen nicht richtig in den Nuten der Klemmbacken sitzt. Sobald die Klinke *a* den Anschlag *r* erreichen kann, sind die Backen durch die Bewegung des Handhebels *h* schon geschlossen. Der Arbeiter kann nicht soweit vorziehen, wenn der Bolzen nicht richtig gefaßt ist, und ohne genügendes Vorziehen von Hand kann die Maschine nicht vorstoßen.

Es wird häufig auch eine abweichende Bauart mit zwei Kurbeln und zwei Zugstangen gewählt, die durch nur einen Handhebel bequemer zu bedienen ist (Abb. 21). Die Anordnung der Anschläge und die Befestigung des Winkelhebels sind hier miteinander vertauscht: die beiden Zugstangen bewegen zwei Schwinghebel, an deren oberem Kopf je ein Anschlag sitzt. Der Winkelhebel mit beiden Klinken sitzt in dem geteilt ausgeführten Handhebel. Die Sperrklinke wird durch Zwischenschaltung eines Hebelantriebs bedient, wodurch der Handgriff näher an die Stellung des Arbeiters herangebracht werden kann. Da jetzt auch der Vorschub nur durch Einschalten des maschinellen Antriebs erfolgt und die Möglichkeit nicht mehr ausgeschaltet ist, daß bei fehlerhaft geklemmtem Bolzen der Schlitten nach vorne geworfen wird, muß eine Sicherung eingeschaltet werden, die einen Bruch in der Maschine verhütet. Die den Vorstoß vermittelnde Kurbelstange ist daher geteilt ausgeführt: die beiden Enden werden durch eine längsseitig geschlitzte und geklemmte Büchse zusammengehalten. Bei zu starkem Druck schieben sich beide Stangenteile innerhalb der Büchse zusammen.

Ob zur Herstellung von Sechskantköpfen einer Vier- oder Sechshammermaschine der Vorzug zu geben ist, kann allgemein schwer entschieden werden. Es spielen hier die Eigenheiten des Betriebes und der Arbeiter eine große Rolle. Die gegenseitigen Vorzüge und Nachteile halten sich die Waage, und man wird nur entscheiden können, ob man auf den einen oder anderen Punkt größeres Gewicht glaubt legen zu müssen.

Der Sechskantkopf wird auf einer Sechshammermaschine besser ausgeschmiedet als auf einer Maschine mit nur vier Hämmern. In dem Winkel dieser Hämmer schlägt sich meist die Kante nicht ganz scharf aus und die Ecken runden sich leicht. Dies ist bei der Sechshammermaschine nicht zu befürchten. Hier werden alle Kanten gleich scharf geschlagen. Ihre großen Nachteile liegen in ihrer gedrängten Bauart. Ist es schon bei der Vierhammermaschine nur unter äußerster Ausnutzung des zur Verfügung stehenden Raumes möglich, die Schlittenführung der Hämmer so nahe an das Werkstück heranzubringen, daß die Werkzeuge nicht zu weit ohne Stützung frei überstehen, so ist dies bei sechs Hämmern eine Unmöglichkeit. Die Führung der Schlitten muß kürzer werden, die Werkzeuge stehen weiter vor. Der Verschleiß wird größer. Die Anzahl der beweglichen Teile ist ebenfalls größer, und die Reparaturen wachsen entsprechend.

Die Zweckmäßigkeit des Kurvenscheibenantriebs für die Hammerschlitten ist ebenfalls ein umstrittenes Gebiet. Er soll gestatten, die Maschinen schneller laufen zu lassen. Abgesehen davon, daß sich die gleichen Umdrehungszahlen mit den Gelenkmaschinen erreichen lassen, sind mit der Konstruktion des Kurvenantriebs Nachteile verbunden, die nicht unerwähnt bleiben sollen: wenn die Kurven nicht sehr sorgfältig konstruiert und hergestellt sind, werden die auftretenden Kräfte

Abb. 27. Amerikanische 4-Hammer-Schmiedemaschine.

infolge der großen Beschleunigung ebenfalls sehr groß und verursachen schnell ein Ausschlagen der Kurven durch die Rollen der Winkelhebel. Da stets sämtliche Teile der Schmiedemaschinen durch die Art des Betriebes größtem Verschleiß unterworfen sind, tritt häufig die Notwendigkeit der Reparatur ein. Ein paar Laschen und Bolzen sind aber in jedem, auch kleinerem Betrieb zu ersetzen, während die genaue Herstellung guter Kurvenstücke nur mit Sondereinrichtungen möglich ist. Aus diesem Grunde wird an vielen Stellen die ältere Konstruktion der Schmiedemaschinen mit Gelenkbewegung auch heute noch bevorzugt.

In Amerika sind die Hammermaschinen zum Anstauchen der kantigen

Schraubenköpfe teilweise weiter entwickelt worden. Abb. 27 zeigt eine der neusten Typen. Gegenüber den bisher beschriebenen Bauarten, wie sie in Deutschland noch allgemein üblich sind, fällt die starke Zunahme von Konstruktionseinzelheiten auf.

Grundsätzlich weicht die Bauart dieser Maschine, die mit vier Hämmern arbeitet, nicht von der bisher beschriebenen Bauart ab. Eine Kurbelwelle treibt durch Pleuelstange einen Hauptschlitten, der den Stauchkopf trägt. Von dem Hauptschlitten aus wird durch Gelenke die Bewegung auf die Hämmer übertragen. Bei den Seitenhammerschlitten ist die Übertragung genau dieselbe wie bei den deutschen Maschinen. Bei dem oberen Hammerschlitten ist der Hebelantrieb aus der Mittelachse nach der Seite zu verlegt (Abb. 28). Da die Gleitbahn des unteren Hammerschlittens durch den dauernd auffallenden Zunder und das jedes Schmiermittel fortspülende Kühlwasser großem Verschleiß unterworfen ist, hat man hier den Hammerschlitten durch einen jochförmig gestalteten Hebel

Abb. 28. Einzelheiten der Maschine Abb. 27.

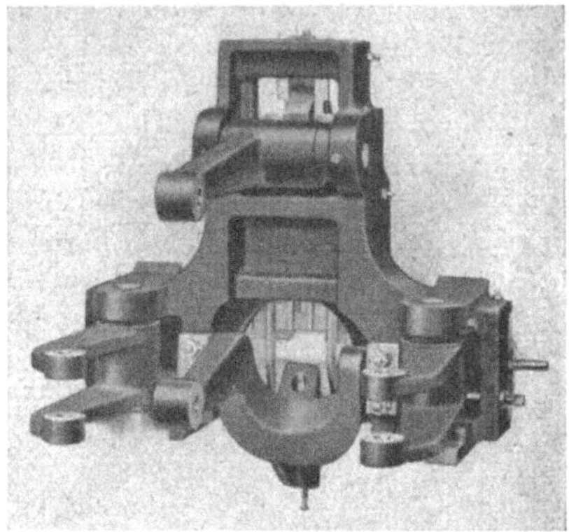

Abb. 29. Einzelheiten der Maschine Abb. 27.

Abb. 30. Maschine 27 gegen die Backen gesehen.

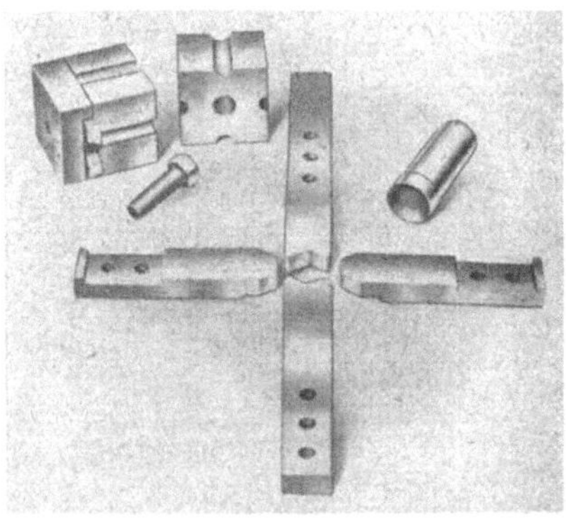

Abb. 31. Werkzeuge zur Maschine Abb. 27.

ersetzt. Durch ein Verbindungsglied wird dieser von demselben Zapfen am Hauptschlitten betätigt, der auch durch Hebel- und Laschenverbindung den oberen Hammerschlitten bewegt (Abb. 29). Der Antrieb des Jochhebels liegt also in gleicher Weise seitlich der Achse. Durch das Fehlen des unter dem Hauptschlitten liegenden Antriebs für den unteren Hammerschlitten braucht die Gleitbahn für den Hauptschlitten nicht geteilt zu werden.

Gänzlich anders angeordnet sind die Werkzeughalter für die Klemmbacken. Das Führungskreuz der Hammerschlitten trägt ein starkes Joch, an dem nach unten hängend und seitwärts schwingbar die Werkzeughalter für die Klemmbacken befestigt sind. Senkrecht bewegliche Stangen öffnen und schließen durch Zwischengelenke die Backen (Abb. 30). Die Werkzeuge entsprechen genau den in Deutschland üblichen Ausführungen (Abb. 31), nur kann an einer Klemmbacke ein Scherenmesser angeordnet werden, um auch ein Arbeiten vom angewärmten Stangenende zu ermöglichen.

Die Maschine arbeitet mit ununterbrochenem Lauf. Zum Einführen der Bolzen zwischen die Klemmbacken ist der Stauchkopf seitlich ausgeschwenkt, damit er nicht auf das vordere Ende des Bolzens auftrifft, bevor dieser gänzlich festgeklemmt ist. Die Klemmbacken werden durch Niederdrücken eines links angeordneten Fußtritts geschlossen; sie öffnen sich selbsttätig nach einer bestimmten Anzahl von Schlägen. Diese wird eingestellt und beträgt zwischen 3 und 8. Hier liegt der große Vorteil der Maschine: erstens hat der Arbeiter nichts weiter zu tun, als den Bolzen zwischen die Klemmbacken zu führen und durch einen Tritt auf den Fußhebel den Arbeitsvorgang einzuleiten, sodann ist aber vor allem dieser selbst in seiner Zeitdauer der Willkür des Arbeiters entzogen. Jeder Bolzenkopf erhält die festgesetzte Anzahl von Schlägen, wodurch die Güte gleichmäßig werden muß.

c) Anwärmen der Rohlinge. Zum schnellen und ordnungsmäßigen Arbeiten sind an den Schmiedemaschinen ebenso wie an den Vincentpressen zwei Mann erforderlich, der Presser und der Wärmer. Hinter oder rechts neben dem Presser ist der Wärmofen aufgestellt, in den die Bolzen ununterbrochen von dem Wärmer eingelegt und entnommen werden. Die gewärmten Bolzen werden in eine Schale an der Schmiedemaschine zur rechten Hand des Pressers gelegt und von diesem mit besonders geformter Zange zwischen die Klemmbacken geführt. Die linke Hand des Pressers bedient die Hebel zum Einrücken und Auswerfen.

d) Werkzeuge. Auch bei den Bolzenkopfschmiedemaschinen ist der Bessemerstahl zur Herstellung von Werkzeugen gänzlich verdrängt worden. Es werden hochwertige, legierte Stähle verwendet, die nicht nur eine wesentlich längere Lebensdauer sichern, sondern auch die Güte der Erzeugnisse verbessern. Für die Klemmbacken werden vor allem wolframlegierte Stähle verwendet, die in gleicher Weise wie die Matrizen der Vincentpressen behandelt werden. Teilweise verwendet man diese auch für die Hämmer und Stauchköpfe, jedoch hat sich besonders für die Köpfe ein auf etwa 100 kg/mm^2 Festigkeit vergüteter Chromnickelstahl bewährt, da bei den Köpfen die Möglichkeit, das Werkzeug nach Abnutzung nachzuarbeiten eine große Rolle spielt. Bei den Klemmbacken schlagen sich die Kanten zwischen den Nuten und den Kopfflächen rund und stauchen sich nach außen auf. Hier sowohl wie bei den Hämmern hat man die Möglichkeit, die abgenutzten Stellen wegzuschleifen, so daß eine leichte Nachbearbeitung auch bei größerer Härte möglich ist. Bei dem Stauchkopf mit der eingedrehten Fase wäre das ungleich schwieriger.

e) Leistungen. Die Leistungen der Schmiedemaschinen sind stark abhängig nicht nur von der Geschicklichkeit des Pressers, sondern auch von der Anzahl der Schläge, die die geschmiedeten Bolzenköpfe erhalten.

Bei guter Ware und gut eingeübten Arbeitern können etwa folgende Stückzahlen in 10stündiger Arbeitszeit erreicht werden:

Stärke	Anzahl	Stärke	Anzahl
$^3/_{16}$—$^3/_8$″	9000	$^7/_8$″	3000
$^7/_{16}$—$^1/_2$″	7000	1″	2500
$^5/_8$″	5000	$1^1/_8$″	1500
$^3/_4$″	4500	$1^1/_4$″	1200

4. Doppeldruckschmiedemaschinen. In mancher Beziehung als Mittelding zwischen Vincentpresse und Schmiedemaschine ist die sog. Doppeldruckschmiedemaschine anzusprechen. Ihrer ganzen Bauart nach ähnelt sie der Hammerschmiedemaschine, von der sie auch die geteilte Matrizenform übernommen hat. In ihrer Wirkungsweise kopiert sie die Vincentpresse mit Vorstauchapparat, mit dem Vorteil jedoch, daß beide Drucke maschinell hintereinander ähnlich wie bei den später zu betrachtenden Doppeldruckkaltpressen ausgeführt werden.

IV. Kaltpressen.

A. Allgemeines.

Die Tatsache, daß bei genügend hohem Druck Eisen bzw. weicher Stahl auch kalt knetbar wird, hat zur Ausbildung von Maschinen geführt, die auf die ungewärmten Schraubenrohlinge den Kopf anstauchen. Wenn man sich vorstellt, wieviel stärkere Hammerschläge dazu gehören, um an einem Niet den Kopf kalt statt warm anzustauchen, so kann man auch ermessen, daß die Kaltstauchpressen wesentlich stärker gebaut sein müssen.

Beim Warmpressen war zwischen dem Abschneiden des Rohlings und dem Verarbeiten auf der Presse stets der Arbeitsgang des Anwärmens eingeschaltet. Das verhinderte, daß unmittelbar hintereinander auf der gleichen Maschine der Rohling abgeschnitten und der Kopf gestaucht werden konnte. Dieser Grund fällt beim Kaltstauchen fort. Die Maschinen können vollkommen selbsttätig arbeiten, so daß nur der Drahtring oder die Rundeisenstangen eingeführt zu werden brauchen und die Schraubenbolzen mit angestauchtem Kopf die Maschine verlassen. Eine derartige Arbeitsweise bringt von selbst eine Erhöhung der Arbeitsleistung mit sich. Das Zureichen der gewärmten Bolzen und das Einführen in die Maschine fällt fort, und das Stauchen erfolgt Schlag auf Schlag.

Bei den Vincentpressen und Hammerschmiedemaschinen sind zwei verschiedene Formen des Untergesenks beschrieben worden, die bestimmt sind, den Schaft des Schraubenbolzens festzuhalten und deren Eigenart durch die Bauart der Maschinen begründet war. Bei der Vincentpresse wurde lediglich die geschlossene Matrize verwendet, während deren Aufgabe bei den Schmiedemaschinen übernommen wurde von einem geteilten Gesenk, den Klemmbacken mit quadratischem Querschnitt und halbkreisförmigen Rillen an den vier Seiten. Beide Arten von Gesenken finden wir bei den Kaltpressen wieder und unterscheiden danach zunächst

1. Kaltpressen mit geschlossener Matrize,
2. Kaltpressen mit geteilter Matrize.

Nach der Form des Werkzeugs richtet sich der Arbeitsbereich der Pressen. Bei dem geteilten Gesenk können die beiden Klemmbacken nicht überall vollkommen aneinander anliegen. Leicht bildet sich daher am oberen Teile des Schaftes und unter dem Kopfe ein dünner Grat. Bei Preßlingen, die vollkommen sauber sein und deren Kopfflächen vollkommen glatt anliegen müssen, können geteilte Gesenke daher nicht benutzt werden. Für die Herstellung von Nieten kommen also lediglich Kaltpressen mit geschlossenem Gesenk in Frage, woher diese den Namen „Kaltnietenpressen“ erhalten haben. Der Werkzeugverbrauch ist bei geschlossenem Gesenk größer als bei geteilten Klemmbacken, die zunächst an allen vier Seiten benutzt werden können und teilweise, wie später gezeigt wird, auch noch auf der Rückseite, so daß jede Backe achtmal gewendet werden kann.

Die Anwendung geteilter Gesenke wird zur Notwendigkeit, wenn der zu stauchende Bolzen sehr lang ist. Um den Schaft des fertig gestauchten Bolzens aus der Bohrung ausstoßen zu können, muß diese von vornherein schwach verjüngt sein. Übersteigt die Schaftlänge des Preßlings das Siebenfache der Drahtstärke, so wird trotzdem das Ausstoßen zu schwierig, da sich auch der Schaft anstaucht.

Schraubenbolzen, bei denen der häufig kaum sichtbare Grat, wie er auch bei den Schmiedemaschinen auftritt, keine Rolle spielt, werden fast durchweg in geteilten Gesenken kalt gepreßt: „Kaltbolzenpressen“.

Genau wie beim Warmpressen ist auch beim Kaltpressen die Länge des zum Anstauchen des Kopfes verwendeten Werkstoffs beschränkt. Ist diese größer als das 2,5fache des Durchmessers, so staucht sich das vorstehende Ende leicht nicht mehr glatt zusammen, sondern biegt nach der Seite aus. Es ist in diesem Falle unmöglich, mit einem Druck den Kopf fertig anzustauchen. Schon bei der Vincentpresse war gezeigt worden, wie man sich hier hilft. Genügt ein Druck nicht, so muß zunächst ein Vorstaucher, der den vorstehenden Teil des Rohlings in seinem vorderen Ende festhält, einen Vorstauchdruck ausüben (s. Abb. 52, S. 41). Erst dann tritt der eigentliche Stauchkopf in Tätigkeit und gibt dem Kopf seine richtige Form. Der gleiche Gedanke ist bei den Kaltschlagpressen verwirklicht. War es bei den Vincentpressen noch notwendig, den Vorstaucher vor Beginn des Druckes mit der Hand an seinen Platz zu schieben und nach getaner Arbeit durch abermaliges Verschieben des Kopfschlittens den Fertigstauchkopf gegenüber dem Werkstück anzuordnen, so ist bei den Kaltpressen dieser Vorgang durch die Maschine selbst geregelt, entsprechend der gesamten Mechanisierung des Stauchprozesses. Bei großen Köpfen verwendet man statt der gewöhnlichen Eindruckpresse die Doppeldruckpresse, die automatisch zwei Schläge hintereinander auf das vorstehende Ende des Rohlings ausführt. Hier besteht infolge der automatischen Steuerung des Stauchkopfschlittens nicht die Möglichkeit, den Vorstauch auszusetzen und so mit jedem Schlag einen Kopf zu pressen. Erst nach jedem zweiten Schlag wird ein neuer Rohling in die Matrize eingeführt.

Auch die Doppeldruckpressen können wie die Eindruckpressen mit geschlossenem oder geteiltem Gesenk ausgeführt werden.

Bei dem geteilten Gesenk wird beim Einführen des Rohlings eine Backe von der andern entfernt, um das Einstecken in die zylindrische Bohrung zu ermöglichen. Es lag nahe, die Verschiebung der einen Klemmbacke gleichzeitig zum Abschneiden des Draht- oder Stangenendes zu benutzen. Dieser Gedanke ist besonders in Amerika verwirklicht worden. Hier schneidet also eine Klemmbacke den Rohling ab und preßt ihn durch ihre weitere Bewegung in den beiden Bohrungshälften fest. Es erübrigt sich ein besonderes Scherenmesser und die Vorrichtung, die im anderen Falle den Rohling von vorne in die Matrize einführen muß. Es ist nach dem Gesagten selbstverständlich, daß bei geschlossenen Matrizen ein ähnliches Verfahren nicht möglich ist.

Die verschiedenen Ausführungsarten, die nach den geschilderten Gesichtspunkten — geschlossenes und geteiltes Gesenk, Einfach- und Doppeldruck, Abschneiden durch besonderes Scherenmesser und durch Matrizen — möglich sind in ihren verschiedenartigen Zusammenstellungen, lassen sich nach folgender Übersicht erkennen:

1. Geschlossenes Gesenk.

1. Einfacher Druck (Kaltnietenpressen).
2. Doppeldruck.

2. Geteiltes Gesenk.

1. Einfacher Druck	a) besonderes Abschneiden durch Messer und Einstecken in Klemmbacken.
2. Doppeldruck (Kaltbolzenpressen)	b) Abschneiden durch eine Klemmbacke.

Um eine allgemeine Verwendbarkeit einer einzigen Maschine zu ermöglichen, hat man auch sog. Universal- oder kombinierte Kaltpressen gebaut, die abwechselnd mit geteiltem oder geschlossenem Gesenk arbeiten können. Bei diesen muß der Rohling immer besonders abgeschnitten und in die Matrize eingesteckt werden.

Besondere Bedeutung haben, wie schon der ihnen beigelegte Sondername anzeigt, sich die Kaltnietenpressen und die Kaltbolzenpressen erworben, d. h. also Maschinen mit geschlossenem Gesenk und einfachem Druck und solche mit geteiltem Gesenk und doppeltem Druck in den beiden unter a und b gekennzeichneten Ausführungen. Sie sollen in nachstehendem näher betrachtet werden. Da sie zusammen sämtliche Konstruktionseinzelheiten enthalten, die bei Kaltpressen vorkommen können, so sind gleichzeitig alle übrigen Typen in ihrem Aufbau und ihrer Wirkungsweise verständlich.

B. Kaltnietenpresse mit einfachem Druck und geschlossenem Gesenk.

1. Arbeitsweise. Die Bewegungsrichtung des Hauptschlittens ist waagerecht. In der Hauptsache wird Draht in Ringen verarbeitet, der von einem Haspel sich abwickelnd in die Maschine eingeführt wird. Bei stärkeren Durchmessern (über 13 mm) wird gewalztes Stangeneisen als Rohstoff bevorzugt, das aber, um einem übermäßigen Verschleiß an Werkzeugen und einer starken Abnutzung der Gleitflächen an der Maschine vorzubeugen, zweckmäßig entzundert wird. Wenn im folgenden kurz von Draht die Rede ist, so soll hierunter auch Stangeneisen bei stärkeren Durchmessern mit verstanden werden.

An der Seite der Drahteinführung sind an der Maschine zunächst einige Rollen zum Geraderichten des Werkstoffs angebracht. Von diesen gelangt der Draht in den Vorschubmechanismus. Bei älteren Bauarten ist dieser häufig als Hebel ausgebildet. Durch eine Bohrung am äußeren Ende eines Hebelarms wird der Draht hindurchgeführt und durch eine Sperrklinke gehalten. Das Hin- und Hergehen des Hebels bewirkt den Vorschub des Drahtes. Die neueren Pressen sind mit ruckweise bewegten Vorschubrollen ausgestattet, die den Draht gegen einen Anschlag führen.

Das vorgebrachte Drahtende wird seitlich neben dem Gesenk von einem Messer abgeschnitten und durch das Messer selbst und einen das vordere Ende des Rohlings umfassenden Zubringer vor die Öffnung der Matrize geschoben. Durch Federkraft drückt der Zubringer den Rohling in die Matrize hinein, wird dann abgehoben und mit dem Messer wieder zurückgeführt. Der im Hauptschlitten befestigte Stauchkopf führt jetzt seinen Schlag gegen den vorstehenden Teil des Rohlings aus und staucht den Kopf an. Beim Rückgang des Stauchkopfes wird der fertige Bolzen von hinten durch eine Ausstoßvorrichtung aus der Matrize ausgestoßen, und der inzwischen neu abgeschnittene Stift wird von der Seite wieder zugeführt.

Wie auch im einzelnen die Bauart und Ausführung der Kaltnietenpresse beschaffen sein mag, die einzelnen Arbeitsstufen müssen sich doch immer in der gleichen Reihenfolge abspielen. Ihre Arbeitsweise kennzeichnet sich daher wie folgt:

1. Vorschub des Drahtes
2. Abschneiden des Rohlings
3. Beförderung des Rohlings vor die Matrize
4. Einführen des Rohlings in die Matrize
5. Stauchen des Kopfes
6. Auswerfen des fertigen Bolzens

Charakteristisch ist bei diesen Pressen der eine Schlag, wodurch sich bei jeder Umdrehung der Kurbelwelle das gleiche Spiel von Anfang bis zu Ende wiederholt.

2. Aufbau der Maschine. Abb. 32 zeigt den Aufbau einer Kaltnietenpresse in der Draufsicht. Der Übersichtlichkeit halber sind die Gradführungsrollen fortgelassen. Es ist mit Absicht eine ältere Bauart gewählt, um hieran zusammen mit der später beschriebenen Doppeldruckpresse die verschiedensten Einzelheiten erörtern zu können. Der Vorschubhebel *h* mit Sperrklinke *k* schiebt den Draht vor. Die Hebelbewegung wird abgeleitet von der am Ende der Hauptwelle sitzenden Kurbel *c* durch eine Stange *s*. Beim Vorschub des Drahtes befindet sich der Messerschlitten *n* mit dem Messer *m* in seiner Ruhelage, so daß der Draht an der halbrunden Messeröffnung vorbei vorgeschoben werden kann. Er tritt dabei mit seinem vorderen Ende in die muldenförmige Vertiefung des Zubringers *a*, der durch eine Druckfeder *f* gehalten, fest auf dem Drahtende ruht. Durch einen Gelenkbolzen *g* ist der Zubringer am Messerschlitten befestigt. Wird dieser durch die Kurvenführung *d* und den Zwischenhebel *e* in seine in der Abbildung gezeichnete Stellung gebracht, so wird zunächst der Rohling durch das Messer abgeschert. Der Pinn wird gehalten durch den Zubringer und jetzt von diesem zusammen mit dem Messer vor die Öffnung der geschlossenen Matrize geschoben. Der Druck der Feder *f* wirkt sich aus, und der Zubringerkopf *a* drückt den Rohling in die Matrize hinein. Abgehoben wird der Zubringer von dem aus der Matrize vorstehenden Teil des Rohlings durch die Stange *o*, die durch eine Feder *p* gegen eine Kurvenscheibe *i* gedrückt wird. Unmittelbar nachdem der Messerschlitten seine äußerste Lage erreicht hat und der Rohling durch den Zubringer in die Matrize gestoßen ist, bewegt eine Nase der Kurvenscheibe *i* den Stößel *o* nach links. Die Rolle *r* drückt auf das Ende *q* des Zubringers, die Mulde im Kopfe *a* wird von dem Rohling abgehoben, und der Messerschlitten kehrt, von der Kurvenführung *d* gesteuert, in seine Ausgangsstellung zurück.

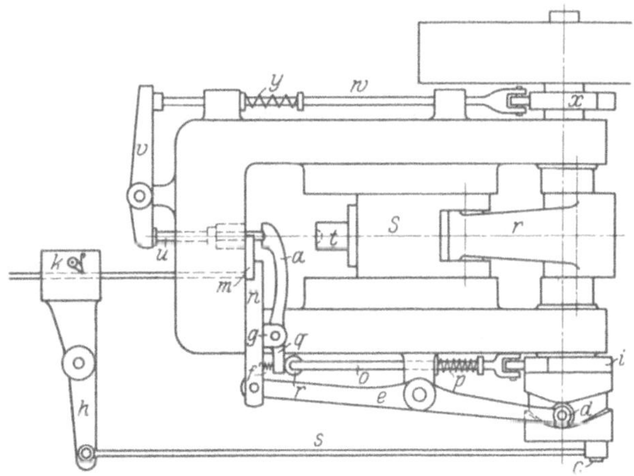

Abb. 32. Kaltnietenpresse (Draufsicht).

Der in dem Hauptschlitten *S* befestigte Stauchkopf *t* führt nunmehr seinen Schlag aus. Der Schlitten wird durch die gekröpfte Hauptwelle und die Kurbelstange r bewegt. Nach dem Anstauchen des Kopfes tritt der Ausstoßer in Tätigkeit, der hinter der Matrize sitzt. Er hat vorne einen flachen Kopf, auf den sich der Rohling beim Stauchvorgange stützt und der gleichzeitig verhindert, daß er nach hinten durch den Maschinenkörper hinausgestoßen wird. Der Ausstoßer u ragt vor das eine Ende des Hebels v. Wird durch eine Nase der Kurvenscheibe x die Stange w gegen die Kraft der Feder y nach hinten gedrückt, so schlägt sie gegen den Hebel v, der seinerseits auf den Auswerfer drückt und so den fertigen Bolzen auswirft.

Abb. 33. Kaltnietenpresse neuer Bauart.

Das Arbeitsschaubild Abb. 34 läßt klar erkennen, wie sich die Bewegungen der einzelnen Mechanismen nicht nur zu folgen brauchen, sondern sich auch ganz oder teilweise überdecken können. Voraussetzung ist nur, daß ein Werkzeug nicht in den Bereich des andern gerät, während dies noch arbeitet. So braucht z. B. der Rückgang des Messerschlittens noch nicht beendet zu sein, wenn der Stauchkopf auf den Rohling auftrifft und der Stauchervorgang beginnt. Der Messerschlitten muß lediglich so weit zurückgezogen sein, daß sowohl Messer wie auch Zubringer aus dem Bereich des Stauchkopfes und des Hauptschlittens herausgezogen sind. Ähnlich verhält es sich mit sämtlichen Werkzeugen und ihrer Tätigkeit. Je besser die Maschine konstruiert ist, um so mehr werden sich im Schaubild die einzelnen Bewegungen überdecken, d. h. um so mehr Anteil an einer Umdrehung der Hauptwelle steht ihnen zur Verfügung. Je größer dieser Anteil aber ist, um so schneller kann die Maschine laufen, ohne daß man befürchten muß, die einzelnen Mechanismen zu stark stoßartig zu beanspruchen. Je höher die Umlaufzahl der Maschine, um so größer ist die Leistung.

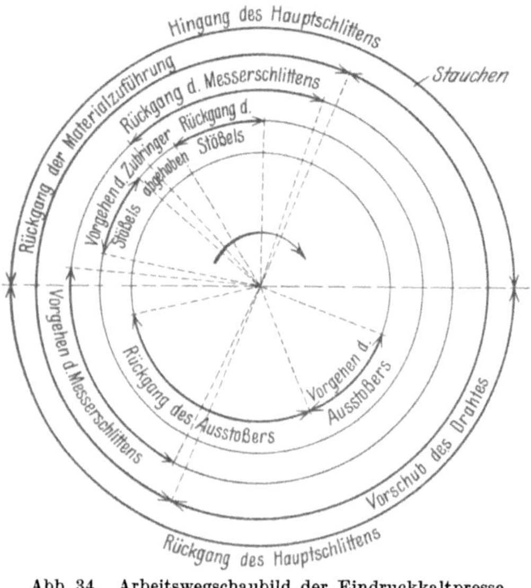

Abb. 34. Arbeitswegschaubild der Eindruckkaltpresse (Kaltnietenpresse).

C. Kaltbolzenpresse mit Doppelschlag und geteiltem Gesenk.

Nachstehend sei eine Doppeldruck-Kaltbolzenpresse beschrieben, die die eine Hälfte der geteilten Matrize zum Abschneiden des Rohlings benutzt. Im Gegensatz zu der Einschlagpresse braucht also der Rohling nicht besonders in die Matrize eingeführt zu werden. Die Maschine wird durch den Fortfall des besonderen Abscher- und Einführmechanismus einfacher und in ihren ohnehin schon genügend verwickelten Bewegungsvorgängen übersichtlicher. Andererseits ist nach dem bereits Gesagten ohne weiteres zu ersehen, wie eine Maschine gleicher Bauart, jedoch mit Einführung des vorher abgeschnittenen Rohlings in die Matrizen arbeiten würde.

1. Arbeitsweise. Die Bewegungsrichtung des Hauptschlittens ist waagerecht. Der verarbeitete Werkstoff ist genau der gleiche wie bei der beschriebenen Einschlagpresse: gezogener Draht oder entzundertes Walzeisen. Der Vorschubmechanismus ist hier anders ausgebildet.

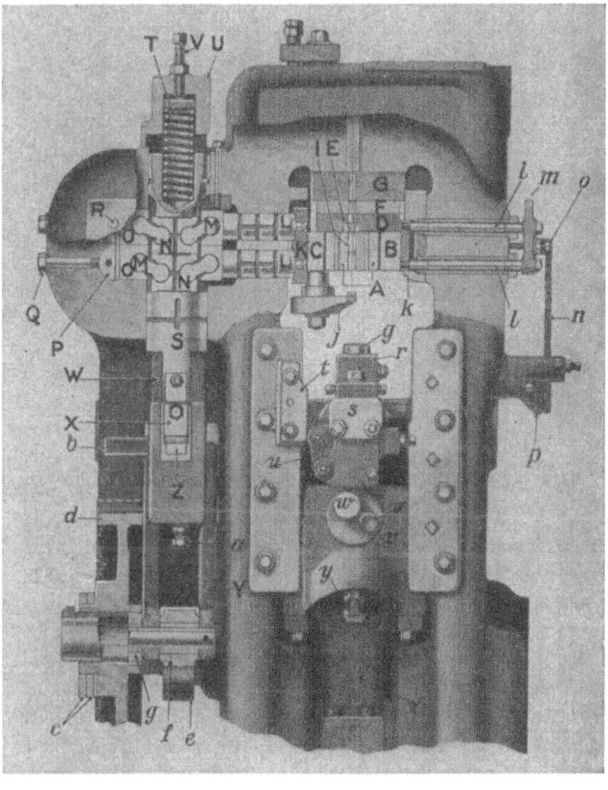

Abb. 35. Doppeldruck-Kaltbolzenpresse von oben (teilweise geschnitten).

Das Ende des Drahtes wird durch ein Rohrstück zu zwei Beförderungsrollen (in Abb. 35 fortgelassen) geführt. Diese sind übereinander angeordnet und an ihrem Umfang mit einer Nute versehen, so daß der zu verarbeitende Draht in den entstehenden Hohlraum hineinpaßt. Durch ruckweise Drehung schieben die beiden Rollen den Draht ein Stück vor. Er tritt dann durch eine weitere Führung im Innern des Maschinenkörpers hindurch. Diese Führung geht über in eine Bohrung der Rückenplatte *G* (Abb. 35) und der Füllplatte *F*. An diese schließt sich die Messerplatte *D*. Diese Platten sitzen ebenso wie das davor befindliche Paar Klemmbacken in der Werkzeugöffnung des Maschinenkörpers. In die Platte *D* ist auf der Vorderseite, genau mit dieser abschließend, das kreisrunde Messer *E* eingelassen.

Die Klemmbacken *A* sind genau wie bei der Hammerschmiedemaschine quaderförmig mit quadratischem Querschnitt und tragen an ihren Längsseiten Nuten von halbkreisförmigem Querschnitt. Beim Vorschub des Drahtes sind die Klemmbacken durch eine besondere Spreizvorrichtung von einander entfernt. Durch die Bohrung des Messers kann der Draht leicht zwischen den sich gegenüber liegenden Klemmbackennuten vorgeschoben werden, bis er gegen einen drehbaren Anschlag stößt. Zunächst schließen sich jetzt die Klemmbacken, die Nuten umfassen das eingeschlossene Drahtende. Der Anschlag schwingt zurück, um den Raum für den Stauchschlitten freizumachen. Durch eine weitere Verschiebung nach einer

Seite hin schneidet eine Klemmbacke im Verein mit dem Messer den Rohling ab und bringt ihn in die Stauchachse der Maschine. Gleichzeitig werden die Klemmbacken mit Druck gegeneinander gepreßt. Das abgeschnittene Ende des Rohlings stützt sich gegen die Vorderfläche des Messers, das so den Druck beim Stauchen auffängt.

Die beiden Stauchköpfe (Abb. 36) zum Vor- (q_1) und Fertigstauchen (q_2) sind in einem Kopfhalter *r* angeordnet, der seinerseits wieder auf einem senkrecht verschiebbaren Stauchschlitten *s* befestigt ist. Dieser wird bei den einzelnen Schlägen abwechselnd nach unten und oben geschoben, um nacheinander den Vor- und Fertigstaucher auf den Rohling wirken zu lassen.

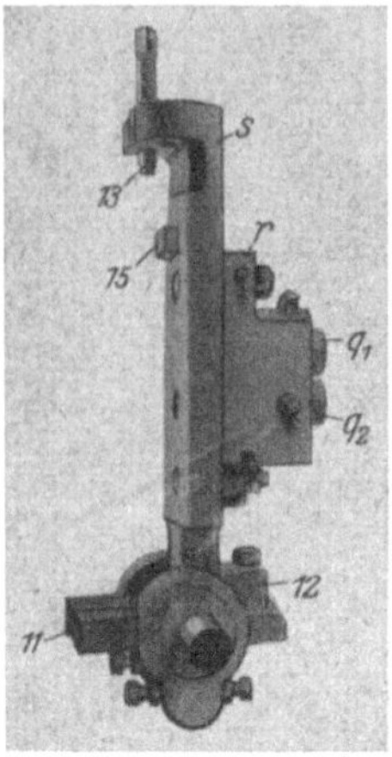

Abb. 36. Verschiebbarer Stauchkopfschlitten.

Der Vorstaucher ist so ausgeführt, daß er den vorstehenden Teil des Rohlings an seinem vorderen Ende fest umschließt, um auf diese Weise ein Ausbiegen beim Stauchen zu verhindern (s. Abb. 52, S. 41). Nach der Stirnfläche zu ist die Bohrung erweitert, so daß beim Stauchen vor den Klemmbacken eine kegelige Verdickung entsteht. Beim Rückgange des Hauptschlittens wird der Druck auf die Klemmbacken gemildert und erst kurz vor dem Auftreffen des Fertigstauchkopfes werden sie wieder fest zusammengepreßt, dieses Mal so stark, daß der ganze Stauchdruck nur durch die Klemmbacken aufgenommen und das von hinten stützende Messer entlastet wird. Der Fertigstauchkopf gibt dem Kopf die gewünschte Form. Runde Köpfe können mit und ohne Grat, kantige dagegen nur mit Grat gepreßt werden.

Beim zweiten Rückgang des Hauptschlittens verschieben sich die Klemmbacken nach der Seite, so daß der gestauchte Bolzen sich wieder in der Achse des zugeführten Drahtes befindet. Gleichzeitig werden die Backen auseinandergespreizt. Der nunmehr lose in den Nuten liegende Bolzen wird von dem vorgeschobenen Draht nach vorne ausgestoßen. Gleichzeitig erhält er einen Schlag von dem vorschwingenden Anschlag. Dieser Schlag ist notwendig, da der Bolzen sonst zu langsam fallen und bei der großen Umdrehungszahl der Maschine leicht zwischen Stauchschlitten oder Stauchkopfhalter und Klemmbacken eingezwängt würde. Durch die Beförderungsrollen wird der Draht wiederum vorgeschoben gegen den Anschlag, die Klemmbacken schließen sich, schneiden ab, und das ganze Spiel wiederholt sich während zweier Umdrehungen der Hauptwelle in der gleichen Weise.

Die einzelnen Arbeitsvorgänge zeigen also folgende Reihenfolge:

1. Vorschub des Drahtes mit Ausstoßen des gepreßten Bolzens und Ausschwingen des Anschlags
2. Schließen der Klemmbacken, Abschneiden des Rohlings und Verschieben in die Stauchachse, Zusammenpressen der Klemmbacken
3. Vorstauchen
4. Verschiebung des Stauchkopfschlittens, gleichzeitig Lüften der Klemmbacken
5. Starkes Zusammenpressen der Klemmbacken und Fertigstauchen
6. Verschieben des Stauchkopfschlittens, gleichzeitig Verschieben der Klemmbacken in die Achse der Drahtzuführung und Auseinanderspreizen.

2. Aufbau der Maschine. Die Kaltbolzenpresse wiederholt im Gegensatz zu der Eindruckpresse erst nach jedem zweiten Hin- und Hergang ihres Hauptschlittens, also erst nach jeder zweiten Umdrehung der Hauptwelle, ihren Arbeitsgang. Aus diesem Grunde kann die Steuerung fast aller Bewegungsmechanismen

Abb. 37. Doppeldruck-Kaltbolzenpresse: Ansicht von der rechten Seite.

hier nicht von der Hauptwelle unmittelbar ausgehen, sondern muß von einer Steuerwelle abgenommen werden, deren Umdrehungszahl halb so groß wie die

Abb. 38. Doppeldruck-Kaltbolzenpresse: Ansicht von der linken Seite.

der Hauptwelle ist. Die Steuerwelle ist auf der Unterseite der Maschine angeordnet. Abb. 37 zeigt teilweise das sie treibende Zahnrad *d*.

Die einzelnen Bewegungsmechanismen gliedern sich wie folgt:

Drahtzuführung,
Drahtanschlag,
Bewegung der Klemmbacken,
Bewegung des Hauptschlittens,
Verschiebung des Stauchkopfschlittens.

a) Drahtzuführung. Die beiden Beförderungsrollen sind fest auf waagerechten Wellen angeordnet, die ihrerseits an den Enden zwei im Eingriff befindliche gleich große Zahnräder tragen (Abb. 38). Die Lager der oberen Welle sind senkrecht verschiebbar, so daß die Entfernung der Rollen genau entsprechend dem jeweiligen Drahtdurchmesser eingestellt werden kann. Die untere Welle ist fest gelagert. Der Vorschub des Drahtes wiederholt sich nur bei jedem zweiten Hub des Hauptschlittens. Die Bewegung wird von der Steuerwelle abgenommen unter Einschaltung einer weiteren Zwischenwelle, die zwischen Steuerwelle und Drahtzuführung ebenfalls unterhalb des Maschinenkörpers gelagert ist und infolge ihrer Verbindung mit der Steuerwelle nur eine schwingende Bewegung ausführt. Die Zwischenwelle dient gleichzeitig zur Verschiebung des Stauchschlittens.

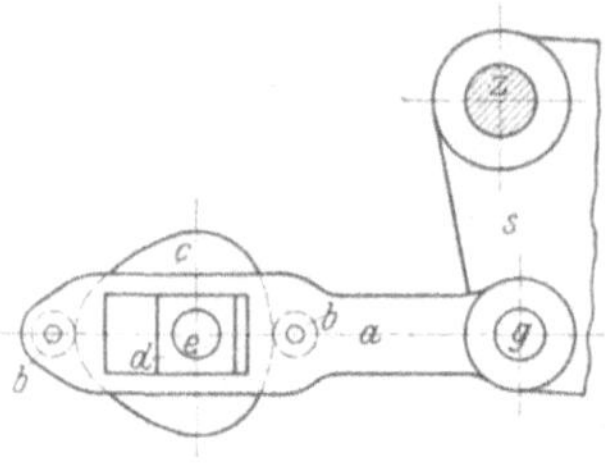

Abb. 39.

Auf der Zwischenwelle *z* sitzt fest mit ihr verbunden ein Schwinghebel *s*. An diesem ist eine Kurvenschieberstange *a* (Abb. 39) durch einen Gelenkbolzen *g* befestigt. Die Kurvenschieberstange ist zweiteilig. Sie trägt an ihrem Ende zwei Kurvenrollen *b*, die eine Kurvenscheibe *c* einschließen. In dem Kopf der Schieberstange ist ein Lager *d* verschiebbar angeordnet, in dem ein Zapfen *e* der Steuerwelle läuft. Auf dieser ist die Kurvenscheibe befestigt. Die Anordnung ermöglicht eine hin und her gehende Verschiebung der Schieberstange und gleichzeitig eine Drehung um den Zapfen *e*, die durch die Verbindung mit dem Schwingehebel *s* erforderlich ist.

Die Bewegung der Kurvenschieberstange setzt den Schwinghebel in pendelnde Bewegung. Der Schwinghebel ist nach der von der Schieberstange abgewandten Seite mit einer Führung versehen, in der ein durch eine Schraubenspindel beweglicher Gleitstein eingebettet ist (Abb. 38). An den Gleitstein ist drehbar durch einen Zapfen eine Zwischenstange angesetzt, die an ihrem andern Ende mit einem lose auf der unteren Rollenwelle sitzenden Schwinghebel verbunden ist. Durch eine Sperrklinke oder Rollenkupplung wird die Bewegung des Schwinghebels nach einer Richtung hin mit der unteren Rolle gekuppelt, während sie frei zurückgeht.

Verschiedenartige Sicherheitsvorrichtungen verhüten, daß der Drahtvorschub jemals zur unrichtigen Zeit einsetzen kann.

Der Vorschub für verschieden lange Bolzen wird durch das Gleitstück im Schwinghebel der Zwischenwelle eingestellt. Die hindurchgehende Spindel trägt an ihrem oberen Ende eine kleine Kurbel, mit deren Hilfe die Entfernung des Gleitstücks vom Schwingungsmittelpunkt in reichlichen Grenzen verändert werden kann. Die Größe des Schwingungsbogens bestimmt die Länge des Vorschubs.

Abb. 40.

Es ist notwendig, die Rollen gegen Rückwärtsdrehung zu sichern, wenn der Vorschub beendet ist. Beim Vorziehen des Drahtes entstehen häufig starke Spannungen im Ring, die nach Aufhören des Vorschubs die Rollen rückwärts zu drehen suchen. Die einfachste Sicherung sieht eine kleine Rolle vor zwischen der unteren Beförderungsrolle und einer festen Platte, die sich nur bei Rückwärtsdrehen vollkommen fest klemmt (Abb. 40). Hier kann sich nur die große Rolle in Pfeilrichtung drehen.

b) Drahtanschlag. Durch die Beförderungsrollen wird der Draht so weit vorgeschoben, bis er gegen einen Anschlag stößt, der aus einer kleinen Stahlplatte in einem drehbaren Arm *j* (Abb. 35) besteht. Die Drehachse des Armes geht nach hinten durch den Maschinenkörper hindurch und ist zum Einstellen der verschiedenen Drahtlängen verschiebbar. Der Anschlagarm ist in seiner Ruhestellung hoch gehoben, so daß er dem Stauchschlitten mit seinen Werkzeugen beim Vorgehen nicht im Wege ist. Sind aber die Klemmbacken seitlich verschoben, so daß ihre Achse mit der des zugeführten Drahtes zusammenfällt, so geht der Anschlagarm herunter, bis die Mitte des Anschlags ebenfalls in die Achse der Drahtzuführung gelangt. Beim Abwärtsgang erhält der vom vorgeschobenen neuen Drahtende ausgestoßene, fertig gestauchte Bolzen einen Schlag, der ihn mit Sicherheit aus dem Bereiche sämtlicher Werkzeuge entfernt. Nachdem die Klemmbacken sich um den neuen Rohling geschlossen haben, geht der Anschlagarm wieder in seine Ruhelage zurück.

Die Ableitung der Bewegung für den Anschlagarm geht von einer Kurvenscheibe *c* auf die Steuerwelle aus. Die Anordnung ist so getroffen, daß der Arm durch Federkraft gesenkt, während er zwangläufig gehoben wird. Es ist hierdurch erreicht, daß der Arm unter keinen Umständen im Bereich des Stauchschlittens und seiner Werkzeuge verweilen kann.

Die auf der Kurvenscheibe *c* laufende Rolle (Abb. 37) bewegt einen Hebel B_I, der seinerseits eine Stange gegen die Kraft einer Spiralfeder D_I nach unten drückt. Die Stange ist nach oben fortgeführt, wo sie in einer kurzen Zahnstange endet. Diese greift in einen Zahnbogen des Anschlagarms und dreht diesen beim Abwärtsgange der Zahnstange nach oben.

Je nach der Länge des Stauchbolzens ist es notwendig, den Zeitpunkt für das Abwärtsgehen des Anschlagarms um ein geringes zu verschieben. Zu diesem Zwecke ist auf der Kurvenscheibe *c* noch eine zweite gleiche Kurvenscheibe angebracht, die mit Schrauben befestigt, gegen die erste verdreht werden kann. Die Erhöhungen beider Scheiben können so teilweise hintereinander verlagert werden, wodurch der Zeitpunkt für die Abwärtsbewegung des Aufschlagarms verzögert wird.

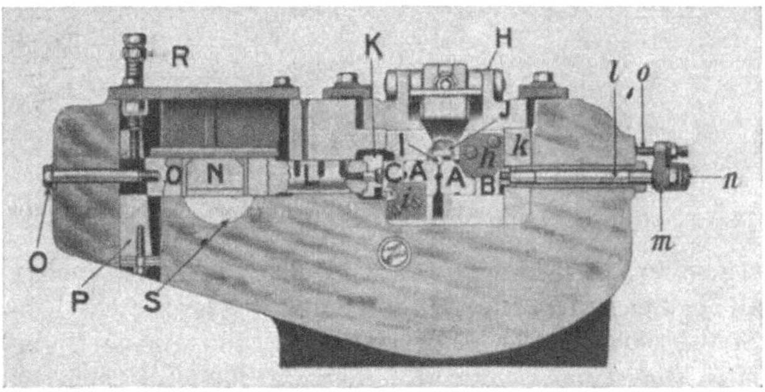

Abb. 41. Doppeldruck-Kaltbolzenpresse: Querschnitt.

c) Bewegung der Klemmbacken. Die Klemmbacken *A* (Abb. 35, 41 u. 42) sind in einer besonderen Öffnung des Maschinenkörpers untergebracht; sie werden von hinten gestützt durch die Messerplatte *D*, in die auf der Vorderseite das runde Messer *E* eingelassen ist. An der Rückseite der Werkzeugöffnung ist eine Rückenplatte *G* angeschraubt, an die von oben drehbar der Deckel *H* für die ganze Öffnung befestigt ist. Zwischen der Messerplatte *D* und der Rückenplatte *G* ist eine Füllplatte *F* eingelegt, deren Dicke je nach der Länge der Werkzeuge wechselt; bei genügend langen Klemmbacken kann sie ganz fehlen. Die Platten *D*, *F*, *G* sind alle durchbohrt, um dem zugeführten Draht den freien Durchtritt zu ermöglichen. An dem Herausfallen nach vorne werden die Klemmbacken gesichert durch zwei

Halteplatten *h* und *i*, von denen die erste an dem Deckel, die andere an der unter den Backen liegenden Futterplatte befestigt ist.

Zum Abschneiden des Rohlings und Festspannen beim Stauchen gleiten die Backen rechtwinklig zur Bewegung des Hauptschlittens. Sie werden dabei durch eine besondere Kniehebelkonstruktion bewegt, die gestattet, einen sehr starken Druck auszuüben, der gleichzeitig genau geregelt und auf die Länge der Klemmbacken verschieden stark verteilt werden kann.

Zu beiden Seiten der Klemmbacken befindet sich ein Druckstück *B* und *C*. Auf das linke Druckstück *C* legt sich eine Druckplatte *K*, die ihrerseits durch zwei Druckkolben *L* vorgeschoben wird. Die Druckplatte *K* ist frei beweglich.

In einer Längsbohrung seitlich im Maschinenkörper bewegt sich ein langer zylindrischer Schlitten *S*. Er ist teilweise ausgespart zur Aufnahme der Druck-

Abb. 42. Doppeldruck-Kaltbolzenpresse: Klemmbacken bei hochgeklapptem Deckel.

stücke *N*, in deren Höhlungen sich die Kniehebelpaare *M* stützen. Nach außen zu legt sich das eine Kniehebelpaar gegen zwei Einstellstücke *O*, die durch zwei Spannschrauben *Q* festgespannt werden und sich gegen zwei senkrecht durch den Maschinenkörper hindurchgehende Keile *P* stützen. Diese Keile haben einen Schlitz, um die Spannschrauben *Q* zu den Einstellstücken *O* hindurchtreten zu lassen.

Die Einstellung der Keile regelt den Druck auf die Klemmbacken. Durch stärkeres Anziehen des einen ist es möglich, den Druck in der Hauptsache an der Vorderkante der Backen unmittelbar unter dem zu stauchenden Kopf auszuüben. Nach der Werkzeugseite hin ruhen die Kniehebelköpfe in den Höhlungen der Druckkolben *L*.

In der Verlängerung des Schlittens *S* liegt eine starke Spiralfeder *T*, die sich nach der Rückseite gegen eine Federkappe *U* stützt und deren Druck durch eine Stellschraube *V* geregelt wird. Die Feder *T* soll dem ganzen Mechanismus den Rückgang erleichtern.

Eine Verschiebung des Schlittens S überträgt sich durch die beiden Kniehebelpaare auf die Druckkolben L und durch diese wieder über Druckplatte K und Druckstück C auf die Klemmbacken.

Die Kurvenscheibe e (Abb. 37) zur Betätigung der Klemmbackenbewegung sitzt auf der Steuerwelle. Sie dient zum Abschneiden des Rohlings und zum Schließen der Backen. Auf ihr ist geführt die Rolle f, die auf einem Bolzen zwischen den Schenkeln eines geteilten Winkelhebels Y sitzt. Der Bolzen ist nach der Seite des Zahnrads zu verlängert und trägt hier eine zweite Rolle g. Für diese sind auf der Innenseite des Zahnrads zwei weitere Kurvenscheiben befestigt, die innere zur Unterstützung der Scheibe e, also ebenfalls zum Abschneiden und Schließen der Backen. Die zweite Kurvenscheibe liegt an dem Umfang des Zahnrads und wirkt auf den Rückgang des Mechanismus unter Mitwirkung der Feder T. Die Rolle g wird also in einer geschlossenen Kurvenrinne geführt.

Der zweite Arm des Winkelhebels Y ist durch Gelenkstück W, ähnlich einer Pleuelstange, mit dem zylindrischen Schlitten S verbunden (Abb. 37 u. 43) und überträgt so auf diesen die durch die Kurvenscheiben hervorgerufenen Bewegungen.

Gleichzeitig ist das Gelenkstück W als Sicherheitsvorrichtung ausgebildet, um den Bruch eines Maschinenteils zu verhüten für den Fall, daß die Backen sich aus einem besonderen Grunde nicht zu schließen vermögen. W ist als Rahmen ausgebildet, in dem sich ein Gleitstück AA frei verschieben kann. An diesem ist der Arm des Winkelhebels Y durch einen Gelenkbolzen befestigt. Die Bewegung des Gleitstücks wird gehindert durch eine Bruchstange Z, die vor dem Gleitstück durch einen einstellbaren Keil X festgehalten wird. Durch eine Druckschraube a wird das Gleitstück fest gegen die Bruchstange gedrückt. Stellt sich dem Schließen der Backen ein übergroßer Widerstand entgegen, so bricht die Bruchstange vor dem Gleitstück ab, und dieses kann frei in dem Gelenkstück W hin und her schwingen, ohne den Zylinderschlitten S weiter zu beeinflussen.

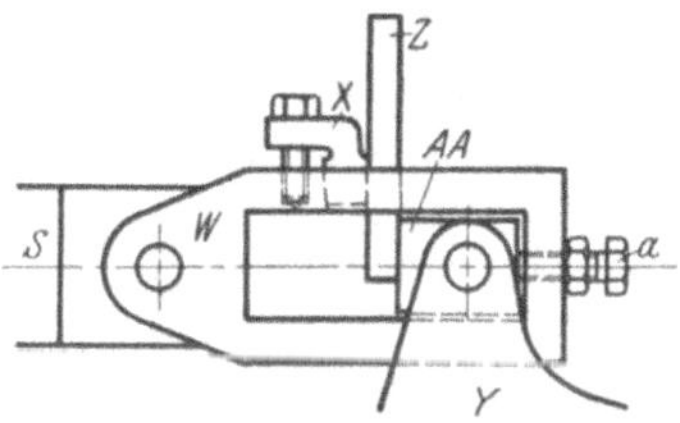

Abb. 43.

Es ist hier also eine Sicherung von Maschinenteilen erfolgt durch Einbau eines im Verhältnis zu den übrigen absichtlich schwach gehaltenen Stückes. Das Bruchstück Z kann nach Beseitigung des Hindernisses einfach nachgerückt werden. Außerdem ist es lediglich ein einfaches Gußstück mit nur beiderseits gehobelten Flächen, also billig und einfach zu ersetzen.

Die bisher beschriebenen Vorrichtungen und Maschinenteile wirkten lediglich auf eine Bewegung der Klemmbacken in Richtung des Abschneidens und Festklemmens und auf Zurückziehung des Kniehebelmechanismus, nicht aber auch auf einen Rückgang der Backen selbst. Da eine Verbindung zur Ausübung eines seitlichen Zuges auf die Backen nicht besteht, kann die Verschiebung in die Ausgangslage nur durch einen Druck von der Gegenseite bewirkt werden. Hierzu wird die Kraft einer Blattfeder n verwendet (Abb. 35 u. 41).

Gegen das auf der rechten Seite der Klemmbacken befindliche Druckstück B legt sich auch hier eine Druckplatte k. Diese wird gestützt durch zwei Druckbolzen l, die durch den Maschinenkörper hindurchreichen und außen durch eine Brücke m verbunden sind. Hiergegen legt sich die starke Blattfeder n. Eine Anschlagschraube o verhindert eine zu starke Verschiebung nach links, so daß die Backen nicht über die Mitte der Drahtzuführung hinausgeschoben werden können. Beim Preßvorgang liegt die Druckplatte k gegen die Wandung des Maschinenkörpers. Die Spannung der Blattfeder n kann diesen starken Druck nicht aufnehmen. Sie wird erst wirksam zur Rückführung der Klemmbacken in die Ausgangsstellung, wenn der Preßdruck nachläßt und die Druckplatte *k* zurückgezogen wird.

Die Halbbohrungen an den vier Seiten der Klemmbacken entsprechen zusammengefügt in ihrem Durchmesser genau der Stärke des zugeführten Drahtes. Die Öffnung muß zur leichten Einführung erweitert werden durch Auseinanderspreizen beider Backen. Die Entfernung darf nur so groß werden, daß die Führung noch gesichert ist. Um in einfachster Weise spreizen zu können, sind die Längskanten der Klemmbacken unter 45° stark gebrochen. In die so gebildete Rinne sind Rollen *I* (Abb. 44) eingelegt, die die ganze Länge der Klemmbacken ausfüllen. Über der Trennfuge der Backen ist in den Deckel *H* eine Spreizplatte *J* mit geschrägter Oberfläche eingelassen. Werden die Backen nun nach links geschoben, so drückt die Spreizplatte gleichzeitig die Rollen nach unten. Diese zwingen die linke Backe weiter auszuweichen. Auf diese Weise werden die Backen voneinander entfernt, und der Draht kann leicht durch die vergrößerte Bohrung vorgeschoben werden. Erfolgt der Druck wieder von links, so drücken die Rollen die rechte Backe zunächst fort. Der Raum unter der Spreizplatte vergrößert sich nach oben, und endlich schließen sich die Backen wieder fest aufeinander.

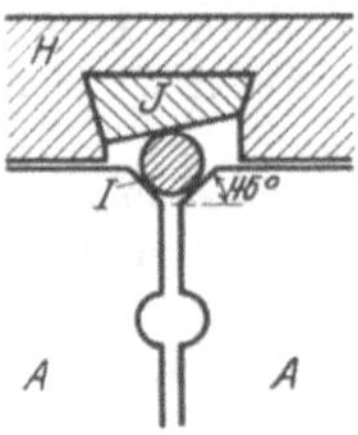

Abb. 44.

Die Reihenfolge der Bewegungen der Klemmbacken ist damit geschlossen.

d) Bewegung des Hauptschlittens. Der Antrieb des Hauptschlittens ist aus Abb. 45 ersichtlich. Die hier abgebildete Presse weicht in Konstruktionseinzelheiten geringfügig von der bisher beschriebenen ab, die Wirkungsweise läßt sich jedoch klarer erkennen.

Abb. 45. Doppeldruck-Kaltbolzenpresse: Antrieb des Hauptschlittens.

Der Antrieb wird von der gekröpften Hauptwelle durch eine Kurbelstange *z* übertragen, die mit dem Schlitten 1 nicht starr verbunden ist, sondern unter Zwischenschaltung eines einstellbaren Gleitstückes 2. Die Pleuelstange trägt den Pleuelstangenzapfen 3 (Abb. 46), der in dem Gleitstück 2 drehbar gelagert ist. Eine kurze Gleitbahn im Schlitten nimmt das Gleitstück auf; es wird durch Einstellkeile in seiner Lage festgehalten. An der Kurbelseite des Schlittens dienen die Schrauben 4 zum Anziehen der Keile, an der Rückseite die Schraube 5. Der Rückenkeil 6 ist gerade noch zu sehen. Durch die Einstellkeile und die durch sie bewirkte Verschiebung des Gleitstücks läßt sich die Lage der Stauchköpfe zu den Klemmbacken in genügendem Maße regeln. Hat sich außerdem beim Stauchvorgang der Hauptschlitten ungefähr in Totpunktlage festgesetzt, daß ein Bewegen der Maschine unmöglich ist, so braucht lediglich die Mutter 7 der Schraube 5 gelockert zu werden. Durch Hammerschläge auf den Kopf der Schraube wird der Keil nach unten getrieben, der Druck auf die Kurbel verschwindet und die Maschine kann wieder bewegt werden.

Damit die Maschine gleichmäßig arbeiten kann, sitzt an beiden Enden der Kurbelwelle je ein schweres Schwungrad. Die Schwungräder sind mit der Welle je durch eine Reibungskupplung verbunden, die im Falle einer plötzlichen Stockung ein Gleiten gestattet und so einen Bruch verhindert. An einem der Schwungräder sitzt gleichzeitig eine Fußbremse, um die Maschine besonders beim Einstellen schnell stillsetzen zu können.

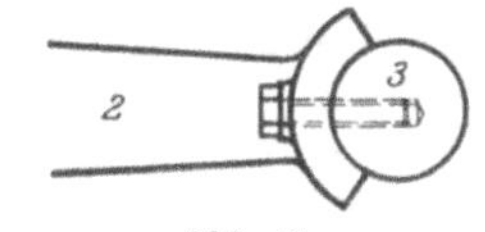

Abb. 46.

e) Verschiebung des Stauchkopfschlittens. Die Gleitbahn des Stauchkopfschlittens s befindet sich am hinteren Ende des Hauptschlittens und ist in Abb. 45 deutlich sichtbar. Die Bewegung des Stauchkopfschlittens wird von der gleichen Kurvenscheibe geregelt, die auch den Drahtvorschub steuert. Wie dort beschrieben, wird die Bewegung zunächst auf eine Zwischenwelle übertragen, die lediglich eine ruckartige Schwingbewegung ausführt. Auf der Zwischenwelle befestigt sitzt unter der Gleitbahn des Hauptschlittens ein breiter Hebel, der an seinem freien Ende geteilt ist. In den beiden Teilen sind die Drehbolzen 8 der beiden durch einen Bolzen 9 verbundenen Gleitstücke 10 gelagert (Abb. 36 u. 47). In der Nute an der Innenseite der Gleitstücke kann die Gleitplatte 11 sich frei bewegen. Sie ist unten an einem Winkel 12 des Stauchkopfschlittens s befestigt.

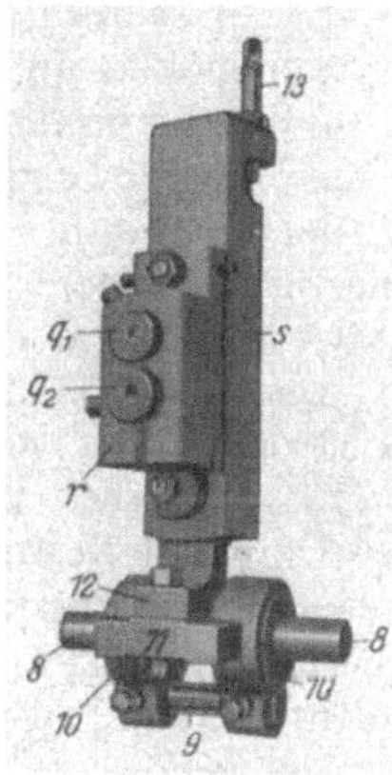

Abb. 47. Stauchkopfschlitten.

Bei einer Pendelbewegung der Zwischenwelle hebt der auf dieser befestigte Hebel die Gleitstücke 10 und durch diese die Gleitplatte mit dem Stauchkopfschlitten. Durch Zwischenschaltung der Gleitplatte kann der Stauchkopfschlitten ganz unabhängig von der Bewegung des Hauptschlittens gehoben und gesenkt werden.

Um bei jedem Stauchdruck dem Vor- und Fertigstauchkopf genau die gleiche Höhenlage zu geben trotz des in den verschiedenen Gelenken unvermeidlichen Spiels sind zwei Anschlagschrauben 13 und 14 vorgesehen (Abb. 36, 45 u. 47). Die Schraube 13 begrenzt den Hub nach unten, eine Mutter auf 14 (im Bilde fortgenommen) den Hub nach oben. Die geringste Lockerung während des Stauchens wird durch eine Verriegelung verhindert. An der Innenseite des Stauchkopfschlittens ist ein Riegel 15 (Abb. 36) angebracht. Befindet sich der Stauchkopfschlitten in seiner unteren Lage, so setzt sich der keilförmige Gegenriegel 16 (Abb. 45) über den Riegel 15, in der oberen Lage des Stauchkopfschlittens setzt er sich darunter. Der Stauchkopfschlitten ist also völlig gesichert: jedesmal nach der einen Richtung durch die Verriegelung, nach der andern durch den Schraubenanschlag. Der Gegenriegel 16

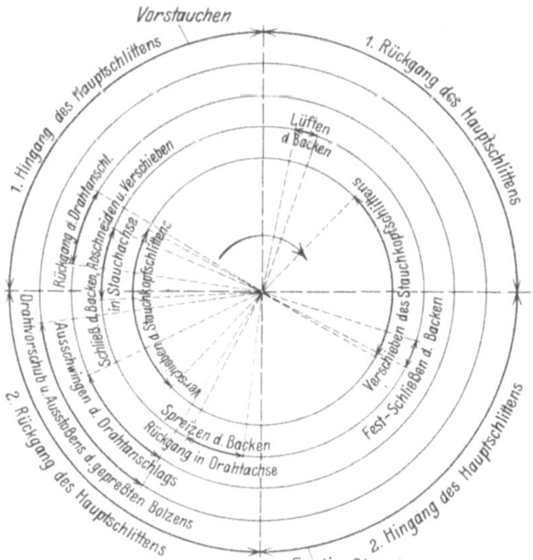

Abb. 48. Arbeitswegschaubild der Doppeldruck-Kaltpresse.

wird bewegt durch eine Kurvenplatte 17 an der Führung des Hauptschlittens, die einen Winkelhebel 18 mit Rolle 19 so dreht, daß der Gegenriegel eingezogen wird. Von dem Augenblick an, wo die Rolle 19 bei der Bewegung des Hauptschlittens den geraden Teil der Kurvenplatte 17 erreicht, kann die Verschiebung des Stauchkopfschlittens einsetzen; sie muß beendet sein, wenn beim Rückgang die Rolle am gleichen Punkt angekommen ist. Der Stauchkopfschlitten bewegt sich also um die innere Totpunktlage des Hauptschlittens.

Eine Feder unter dem Maschinenkörper dient zur Aufnahme der Stöße beim Verschieben des Stauchkopfschlittens.

Abb. 48 gibt das Arbeitswegschaubild der Doppeldruckkaltpresse.

D. Die Werkzeuge der Kaltpressen.

Die Form der Werkzeuge ist schon bei der Beschreibung der betreffenden Maschinenarten erwähnt worden. Bei Kaltpressen mit geschlossener Matrize entsprechen sie in ihrer Ausbildung genau den Werkzeugen der Vincentpressen; bei geteilten Klemmbacken sind sie wie bei den Hammerschmiedemaschinen geformt. Die Art der Ausführung ist im einzelnen Erfahrungssache der Betriebe. So werden in den meisten Fällen Sechskantköpfe zunächst rund gepreßt und erst durch das Abgraten sechskantig geschnitten. Auch wird die Kopfform zur Hälfte in die Klemmbacken und zur andern Hälfte in den Stauchkopf gelegt, so daß der Grat in halber Kopfhöhe entsteht. Man kann das tun, weil hier die auf S. 13 für den Sechskantkopf erwähnten Schwierigkeiten nicht auftreten können und der Grat in der Mitte ein Ausreißen der Kanten beim Abgraten verhindert. Doch können hierfür allgemein gültige Angaben nicht gemacht werden, da die Erfahrungen stark voneinander abweichen.

Der Vorstaucher beim Doppeldruck hat die Form nach Abb. 52. Er ist verjüngt gehalten, so daß am vorderen Ende der Rohling fest umschlossen wird, damit er seitlich nicht ausknicken kann.

Die schnelle Aufeinanderfolge der Schläge und der auf den kalten Rohling auszuübende ungeheure Druck stellt sehr große Anforderungen an die Werkzeuge. Sie müssen an ihrer Oberfläche hart sein, jedoch nicht so spröde, daß die Kanten leicht ausbrechen oder die Ecken der Vierkante einreißen usw. Die Härte muß so tief gehen, daß die Matrizenoberfläche nicht eingedrückt wird, andererseits muß der Kern des Werkzeugs genügend weich bleiben, um eine gewisse elastische Formänderung zuzulassen. Im Gegensatz zu der Warmverarbeitung haben sich zur Herstellung von Werkzeugen an Kaltpressen bisher am besten reine Kohlenstoffstähle geeignet gezeigt, höchstens mit *ganz geringen* Zusätzen von Wolfram oder Chrom. Bei zu hoher Legierung besteht die Gefahr, daß die Backen zu weit durchhärten. Sie platzen dann nach wenigen Schlägen der Pressen auseinander. Der gleiche Stahl kann für geschlossene und geteilte Matrizen sowie für die Kopfformen verwendet werden. Das Härten der Werkzeuge erfordert große Erfahrung, da gerade reine Kohlenstoffstähle gegen Temperaturunterschiede beim Härten empfindlich sind. Auch spielt nicht nur die Anlaßtemperatur sondern auch die Art des Anlassens eine besondere Rolle. So müssen beispielsweise die Klemmbacken, die gleichzeitig mit ihrer Rückseite das Abschneiden des Drahtes besorgen, verschiedene Härten an Vorder- und Rückseite aufweisen, die durch besondere Art des Anlassens erzielt werden.

Auf alle Fälle ist gerade beim Kaltpressen der Werkzeugfrage größte Aufmerksamkeit zu schenken, denn die hohe Leistung der Maschinen kann niemals ausgenutzt werden, wenn die geringe Haltbarkeit der Werkzeuge ein dauerndes Auswechseln notwendig macht.

E. Leistungen der Kaltpressen. Vor- und Nachteile verschiedener Systeme.

Die Kaltpressen sind selbsttätig arbeitende Maschinen. Von der Einstellung und Einführung des Drahtes ab arbeitet die Maschine selbsttätig und verlangt lediglich das Auflegen und Einführen eines neuen Drahtringes, wenn der erste abgelaufen ist. Auf diese Weise ist die Bedienung mehrerer Pressen durch einen Arbeiter möglich, dem lediglich die Aufgabe zufällt, für die Zuführung des Werkstoffs zu sorgen und die Güte und Sauberkeit der entfallenden Arbeitsstücke zu prüfen. Die Zahl der von einem Mann bedienten Maschinen wird selten zwei übersteigen, da die Arbeitsgeschwindigkeit zu groß ist. Man kann bei Doppeldruckpressen mit einer Leistung von 25÷30000 Bolzen von 10 mm ⌀ und kleiner, von 20÷25000 Bolzen bis zu 13 mm in zehnstündiger Arbeitsschicht rechnen. Bei Einschlagpressen verdoppelt sich ungefähr die Leistung.

Von den grundsätzlichen Unterschieden zwischen Einfach- und Doppeldruckpressen, sowie ihrer Eignung zum Anstauchen der verschiedenen Kopfformen und -größen ist schon gesprochen worden, auch die Frage der geschlossenen und geteilten Matrizen wurde eingehend erörtert. Es sollen hier nur noch die Unterschiede der verschiedenen Doppeldruckkaltpressen mit geteiltem Gesenk betrachtet werden. Es war dargelegt worden, daß gerade diese Pressen in der Hauptsache für die Herstellung von Schraubenbolzen in Frage kommen.

Die Beschreibung nahm eine Kaltpresse zum Vorbild, bei der die geteilte Matrize selbst den Rohling vom Drahtende abschert und ihn mit einer ganz kurzen seitlichen Verschiebung in die Stauchachse der Maschine führt. Es wurde darauf hingewiesen, daß genau wie bei der beschriebenen Einschlagpresse auch bei der Doppeldruckpresse der Rohling durch eine besondere Schervorrichtung abgeschnitten werden kann. Der Rohling muß dann durch eine weitere Vorrichtung von vorne in die auseinandergespreizten Klemmbacken eingeführt werden.

Auf den ersten Blick scheinen die Vorteile alle auf seiten der letzten Bauart zu liegen. Es geht aus der Arbeitsweise der beschriebenen Doppeldruckkaltpresse klar hervor, daß die Länge der Klemmbacken bestimmend ist für die Schaftlänge des fertig gestauchten Bolzens. Es müssen also nicht nur für jeden Bolzendurchmesser, sondern auch für jede Länge besondere Klemmbacken angefertigt werden. Bei der Presse mit besonderer Scher- und Einsteckvorrichtung genügt ein Paar Klemmbacken für alle Bolzenlängen. Auch kann die Kopfform, wie aus Abb. 49 ersichtlich, nicht nur auf die Vorderseite, sondern auch auf der Rückseite eingearbeitet sein, da ja die Rückseite nicht wie bei der andern Bauart zu schneiden braucht. Ganz kurze Bolzen lassen sich ohne Einstecken von vorne überhaupt nicht stauchen, da bei ihnen die Klemmbacken so dünn würden, daß sie den Stauchdruck nicht aushielten. Die geschilderten Vorteile zugunsten der Pressen mit besonderer Abschneid- und Einführvorrichtung haben die deutsche Industrie in der Tat bewogen, diese Konstruktion fast durchweg zu bauen. Dagegen ist die Tatsache sehr auffällig und muß zu denken geben, daß die amerikanischen Maschinen in weit überwiegendem Maße mit den Klemmbacken abschneiden.

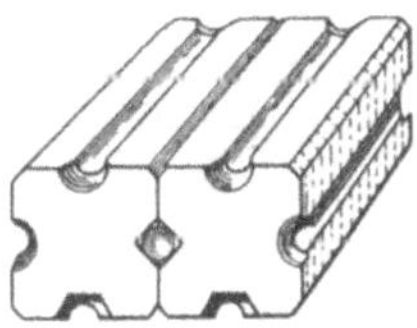

Abb. 49.

Die Vorteile dieser Einrichtung fallen nicht so in die Augen, sind dafür aber nicht minder wichtig: der Weg, den der abgeschnittene Rohling zurückzulegen hat, um vor den Stauchkopf zu gelangen, ist denkbar kurz. Er braucht kaum länger zu sein als der größte auf der Maschine zu verarbeitende Drahtdurchmesser. Die Zeit für die seitliche Verschiebung ist also sehr gering. Dagegen beansprucht bei besonderem Schnitt das seitliche Verschieben und die Einführung in die Klemmbacken wesentlich längere Zeit. Soll für die übrigen Bewegungen also die gleiche Zeit zur Verfügung stehen, so muß die Maschine langsamer laufen. Will man aber bei gleicher Umdrehungszahl der Maschine die Zeit für die übrigen Bewegungen kürzen, um sie für das Verschieben und Einführen zu gewinnen, so kann das nur auf Kosten der Betriebssicherheit und der Haltbarkeit geschehen. So ist fast immer festzustellen, daß die Maschinen mit abscherenden Klemmbacken höhere Umdrehungszahlen aufweisen, ihre Leistung also größer ist. Abgesehen von diesen Erwägungen bildet der besondere Mechanismus für Abschneiden und Verschieben der Rohlinge eine weitere Komplikation der Maschine, die auf die Häufigkeit von Reparaturen nicht ohne Einfluß ist.

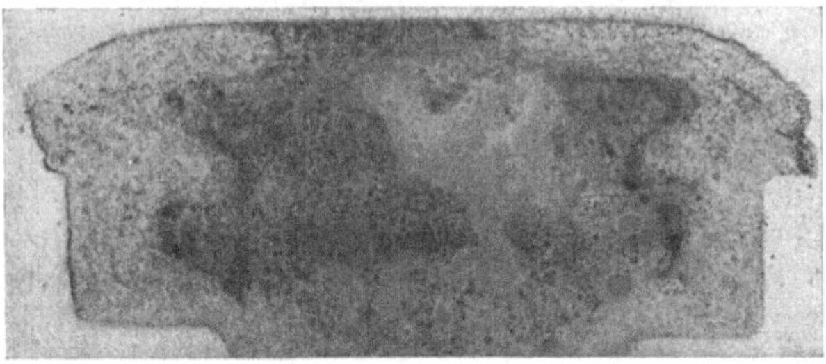

Abb. 50. Gefüge eines kaltgepreßten Bolzenkopfes.

Wenn man annimmt, daß Ausführung und Werkstattarbeit an beiden Systemen gleichartig sind, so kann zusammenfassend gesagt werden: die deutsche Bauart eignet sich besser für kleine und mittlere Betriebe, wo die Möglichkeit nicht gegeben ist, ein Werkzeug in einem Zuge voll auszunutzen, wo man dagegen Wert darauf legen muß, mit einem Werkzeug möglichst viele Arten von Bolzen herstellen zu können. Die amerikanische Bauart ist zu bevorzugen in Großbetrieben. Die Stückzahlen einer Sorte Bolzen müssen hier so groß sein, daß das Werkzeug nur einmal bis zur Erschöpfung seiner Leistungsfähigkeit gebraucht wird.

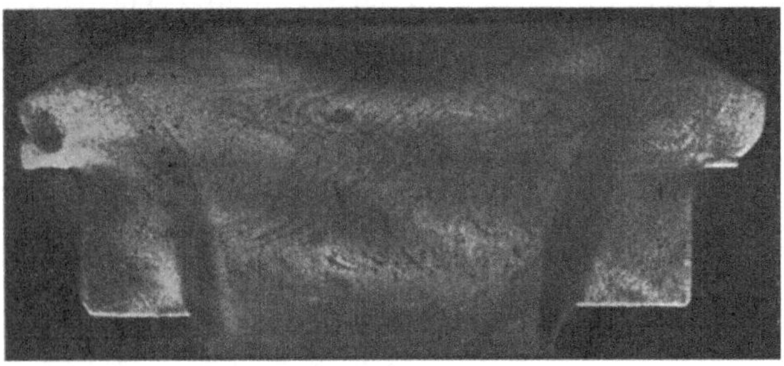

Abb. 51. Gefüge eines kaltgepreßten Bolzenkopfes.

Eine besondere Doppeldruckkaltpresse muß noch erwähnt werden, die auf deutschem Boden entstanden ist und mit einem besonderen Werkstoffvorschub zwischen Vor- und Fertigstauchdruck arbeitet. Um den Zweck dieses Verfahrens zu verstehen, muß auf die Gefügeveränderungen in dem Kopf des kaltgepreßten Bolzens und auf die Fehler eingegangen werden, die sich an ihnen zeigen können.

Mit Doppeldruck kalt gepreßte Bolzen neigen zuweilen zum Abspringen der Köpfe. Eingehende Gefügeuntersuchungen haben eine gewisse Klarheit über diesen Fehler gebracht. Wird ein auf gewöhnliche Weise durch Doppeldruck kaltgepreßter Bolzen in seiner Längsachse aufgeschnitten, poliert und geätzt, so zeigt die Schnittfläche im Kopf zwei veränderte Zonen an, die eine unmittelbar über dem Ansatz des Schaftes, die zweite näher an die Kopffläche heran gelegen. (Abb. 50.) Ein anderes Ätzverfahren läßt das Gefüge noch genauer erkennen (Abb. 51).

Es zeigt sich hier deutlich, daß die ursprünglich gerade und parallel laufenden Fasern an den beiden erwähnten Stellen gewissermaßen auseinandergespalten und nach außen ausgeknickt worden sind. Gerade die Übergangsstelle vom Schaft zum Kopf erscheint am stärksten verändert. Hier herrschen die stärksten Spannungen. Hinzu kommt, daß durch das Kaltpressen wie durch jede Kaltverformung der Werkstoff hart und spröde wird. Um die kaltgepreßten Bolzen brauchbar zu machen, muß die Sprödigkeit durch nachträgliches Glühen beseitigt werden. Gleichzeitig werden hierdurch die Spannungen ausgeglichen und selbst überstarke Beanspruchungen vermögen nicht den Kopf vom Schaft zu trennen.

Wird jedoch der Bolzen vor dem Ausglühen, also in dem noch spröden Zustand des Werkstoffs, beansprucht, sei es auf Zug oder Biegung, so reißt der Schaft glatt aus dem Kopfe heraus. Eine solche Beanspruchung kann sehr leicht beim Abgraten stattfinden, wenn sich der Kopf schief oder exzentrisch auf das Abgratmesser aufsetzt. Es muß daher bei der Herstellung von kaltgepreßten Bolzen mit der allergrößten Vorsicht verfahren werden, um diese unliebsamen Vorkommnisse zu vermeiden. Zweifellos spielt hier auch der zur Verarbeitung gelangende Werkstoff eine große Rolle. Ist er schon vor dem Stauchen nicht weich geglüht, so wird die Sprödigkeit nach dem Pressen noch größer, und die Gefahr wächst, daß beim Abgraten die Köpfe abplatzen.

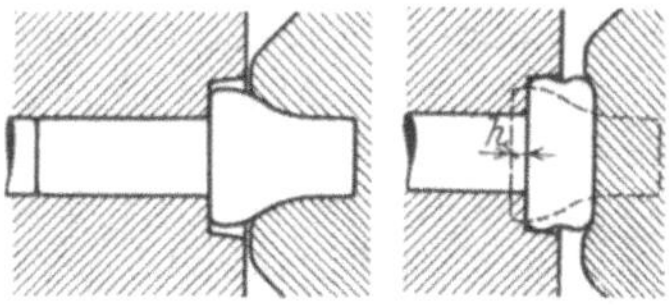

Abb. 52 u. 53.

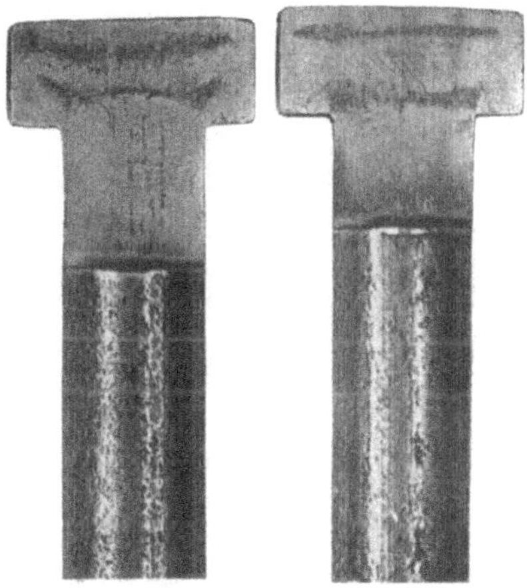

Abb. 54 u. 55. Kaltgepreßte Bolzenköpfe, mit / ohne Zwischenvorschub.

Eine besondere Bauart von Kaltpressen sucht das Übel an der Wurzel zu beseitigen und will dies durch Höherlegen der unteren scharfen Knickstelle der Fasern in den Kopf hinein erreichen. Man geht von der Überlegung aus, daß bei jedem Preßdruck auch der Durchmesser des Schaftes um einen wenn auch geringen Betrag zunimmt. Zunächst preßt sich beim Vorstauch ein Teil des Werkstoffs in den Schaft hinein. Wenn auch beim Fertigstauch die Pressung der Klemmbacken größer ist als beim Vorstauch, so ist dort auch der Druck so viel stärker, daß immer noch mit einem geringen Aufstauchen des Schaftes gerechnet werden kann. Der für das Stärkerwerden des Schaftes benötigte Werkstoff muß dann aus dem bereits vorgestauchten Kopfe in den Schaft abfließen (Abb. 52 und 53), wodurch die Knickung der Werkstofffasern an die Übergangsstelle vom Kopf zum Schaft gedrückt wird. Um dies zu vermeiden, schiebt die neue Presse den Rohling nach dem Vorstauch um soviel vor, wie die Verdickung des Schaftes beim Fertigstauch erfordert. Die Stelle der stärksten Verformung wird somit weiter vom

Abb. 56. Kaltpresse mit Zwischenvorschub.

Schaftende entfernt im Innern des Kopfes festgehalten. Abb. 54 und 55 zeigen die geätzten Schliffe zweier auf dieser Presse mit und ohne Zwischenvorschub gestauchten Bolzenköpfe.

Diese Presse kann nur mit besonderer Abscher- und Zuführungsvorrichtung arbeiten. Abb. 56 zeigt die Presse in der Ansicht.

F. Herrichtung des Werkstoffs zum Kaltpressen.

Die Bauart der Kaltpressen, das genaue Ineinanderfassen der verschiedenen Arbeitsvorgänge sowie der für ein ordentliches Arbeiten notwendige genau schließende Gang sämtlicher bewegter Teile und die durch den schnellen Lauf an sich schon bedingte starke Abnutzung aller Gleitflächen machen eine besondere Herrichtung des Werkstoffs erforderlich, wenn er nur gewalzt, nicht gezogen zum Kaltpressen verwendet werden soll. Der schlimmste Feind aller Kaltpressen ist der Zunder des gewalzten Eisens. Er reibt sich beim Vorschub des Werkstoffs ab, springt beim Abschneiden und klemmt sich zwischen Messer und Klemmbacken.

Abb. 57. Entzunderungstrommel.

Der Rest blättert beim Stauchvorgang ab und gelangt auf die Gleitbahn des Stauchkopfschlittens und des Hauptschlittens, kurz in alle Gleitbahnen und Gelenke, wo er wie Schmirgel wirkt und allmählich ein Festklemmen verursacht. Der Zunder muß also vor dem Kaltpressen entfernt werden. Bei Stangeneisen hat man hierzu verschiedene Möglichkeiten. Man kann den Zunder abscheuern. Hierzu benutzt man lange, drehbar gelagerte Trommeln (Abb. 57), in die eine ganze Reihe von Stangen hineingelegt werden. Im Innern ist der Querschnitt der Trommeln eckig, so daß bei einer Drehung die Stangen dauernd geworfen werden. Sie stoßen sich hierbei gegenseitig den Zunder ab.

Das zweite Verfahren ist chemischer Art. Es wird mehr für in Ringe aufgewickelten Walzdraht angewendet, da dieser ja nicht in gleicher Weise wie Stangeneisen getrommelt werden kann. Der Zunder wird durch Eintauchen der ganzen Ringe in Salz- oder heiße Schwefelsäure abgebeizt. Besondere Zusätze zur Beize verhindern ein Angreifen des Eisens selbst. Um das als Nachwirkung der Säurebehandlung auftretende Rosten zu vermeiden, muß der Draht nach gutem Abspülen in Kalkmilch gebadet werden. Die letzten Säurereste werden hierdurch neutralisiert. Der entstehende Kalküberzug erschwert auch ein durch weitere äußere Umstände etwa veranlaßtes Rosten.

Der bestgeeignete Werkstoff zum Kaltpressen bleibt aber gezogener Draht. Er weist vor allem eine bis auf 0,1 mm genaue Stärke und gleichmäßig runden Querschnitt auf. Das Pressen einer gleichmäßigen und gut aussehenden Ware wird hierdurch erleichtert. Besonders beim Anstauchen von Köpfen, die viel Werkstoff erfordern, verhindert das stets gleichmäßige Klemmen der Backen ein seitliches Ausbiegen des Rohlings.

Aber auch der gezogene Werkstoff, der fast immer als Draht in Ringen aufgewickelt verarbeitet wird, bedarf einer besonderen Herrichtung: durch den Zug in kaltem Zustande wird der Draht spröde und hart, die Festigkeit steigt, die Dehnung sinkt. Das Kaltpressen erfordert weiches Eisen. Ein Glühen nach dem Zuge muß daher die ursprünglichen Festigkeitseigenschaften wiederherstellen. Ein weiterer Zug durch Holz sorgt für die metallisch blanke Oberfläche.

So ist dieser Draht „Nietendraht extra weich geglüht und durch Holz gezogen", der eigentliche Werkstoff zum Kaltpressen, nicht nur, wie sein Name sagt, zur Herstellung von Nieten, sondern auch ganz besonders von Schraubenbolzen, die auf Doppelschlagpressen angefertigt werden.

G. Das Glühen von kaltgepreßten Bolzen.

Durch nachträgliches Glühen sollen in den kaltgepreßten Bolzen die ursprünglichen Festigkeitseigenschaften wieder hergestellt werden.

In welcher Weise geglüht wird, ist an sich gleichgültig. Es sind daher auch hierfür die verschiedensten Ofenkonstruktionen mit allen möglichen Feuerungen im Gebrauch. Ein grundlegender Unterschied kann bei den Glühanlagen gemacht

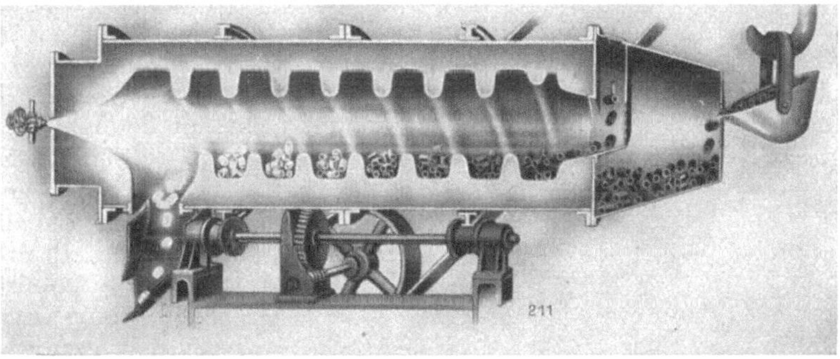

Abb. 58. Glühmaschine mit Wanderschnecke und unmittelbarer Heizung.

werden. Zuerst sei eine fortlaufend arbeitende Einrichtung beschrieben: an einer Seite wird ununterbrochen Werkstoff zugeführt, er wandert dann durch eine heiße Zone und nimmt deren Temperatur an, um am anderen Ende wieder ausgeworfen und gekühlt zu werden.

Abb. 58 und 59 zeigen eine derartige Glühmaschine. Der Hauptkörper besteht aus einem waagerecht gelagerten Zylinder, der im Innern mit einem starken Futter aus feuerfestem Stoff versehen ist. Hierin ist eine schneckenförmige Rinne eingearbeitet. Der ganze Zylinder ist drehbar gelagert. An der einen Seite werden aus einem großen Trichter die zu glühenden Bolzen in langsamem, aber ununterbrochenem Strome der sich drehenden Trommel zugeleitet. Sie fallen in die schneckenförmige Rinne und werden durch die Drehung der Trommel langsam durch diese hindurch fortbewegt. Am andern Ende befindet sich ein starker Brenner mit Öl oder Gas gespeist, der seine Flamme durch den ganzen Zylinder hindurch wirft. Die Bolzen werden auf ihrem Wege der Flamme entgegengeführt, sie gelangen aus dem kälteren in den immer wärmer werdenden Raum, wobei sie durch die Drehbewegung durcheinander geworfen und so gleichmäßig erwärmt werden. Die Schnecke endet an einer Öffnung, durch die, wenn sie unten steht, die nunmehr geglühten Bolzen in einen Kasten fallen. Diese Glühmaschine liefert einen fortgesetzten Strom geglühter Bolzen, sie arbeitet ohne Unterbrechung.

Abb. 59. Ansicht der Glühmaschine.

Bei guter Regelung der Flamme ist eine gleichmäßige Glühung mit großer Sicherheit gewährleistet. Alle Bolzen machen den gleichen Weg mit gleicher Geschwindigkeit durch den gleichen Glühraum mit gleichbleibender Temperatur. Leider stehen diesen Vorteilen jedoch auch Nachteile gegenüber: zunächst ist klar, daß alle Bolzen mit der Flamme selbst in Berührung kommen. Ist Luftüberschuß vorhanden, so müssen sie zundern. Das kann so stark werden, daß die Bolzen nicht mehr gebraucht werden können. Ferner wird durch die dauernde Fortbewegung des kantigen Glühgutes das Futter aus feuerfestem Stein abgenutzt, so daß es öfters erneuert werden muß. Eine andere Bauart vermeidet die Schamottschnecke (Abb. 60). Hier liegt im Innern des feststehenden Ofens mit ebenfalls waagerechter Achse eine durch Schaltrad gedrehte Retorte mit Schnecke aus feuerbeständigem Guß, die von der Flamme der Brenner umspült wird. Das Glühgut kommt nicht mit der Flamme in Berührung. Der Brennstoffverbrauch dieses Ofens ist allerdings größer als des ersten mit unmittelbarer Heizung. In jüngster Zeit werden Glühmaschinen gebaut, bei denen das Glühgut auf einem Transportband von hochhitzebeständigem Werkstoff durch die Glühzone hindurchwandert. Der Nachteil der Abnutzung und Erneuerung ist hier nicht so leicht zu befürchten. Es findet aber auch kein dauerndes Umrühren des Glühgutes statt (Abb. 61).

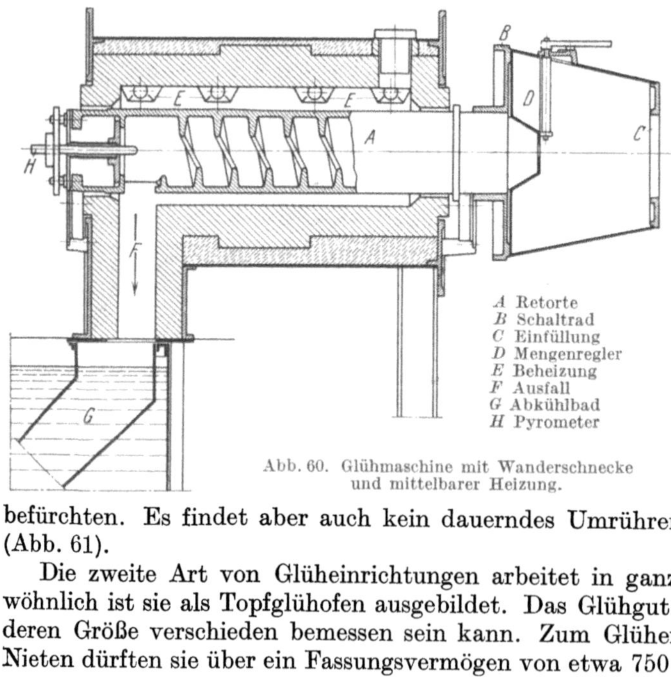

Abb. 60. Glühmaschine mit Wanderschnecke und mittelbarer Heizung.

Die zweite Art von Glüheinrichtungen arbeitet in ganz anderer Weise. Gewöhnlich ist sie als Topfglühofen ausgebildet. Das Glühgut wird in Töpfe gefüllt, deren Größe verschieden bemessen sein kann. Zum Glühen von Schrauben und Nieten dürften sie über ein Fassungsvermögen von etwa 750 kg nicht hinausgehen.

Nach dem Einfüllen der Schrauben wird auf die Töpfe ein Deckel aufgelegt und mit Sand oder Ton abgedichtet. Die Töpfe werden in große Öfen eingesetzt und hier auf Glühhitze gebracht. Die Art der Öfen ist an sich gleichgültig. Es muß nur gefordert werden, daß der eingesetzte Glühtopf überall von der Flamme umspült wird, damit von allen Seiten die Hitze gleichmäßig von außen nach innen in den Topf eindringt. Die Öfen werden mit Kohle, Gas oder Öl geheizt. Die Glühung in Glühtöpfen erfordert große Übung und Erfahrung. Da der Topf allseitig von den Heizgasen umspült werden soll, ist es fast unmöglich, im Innern ein Pyrometer anzubringen; man muß sich auf die Erfahrung verlassen. Es ist jedenfalls sehr schwer, in großen Töpfen eine durchaus gleichmäßige Glühtemperatur zu erzielen. Meist nimmt der Inhalt des Topfes an den Wandungen eine höhere Temperatur an als im Innern, bei starkem Treiben des Glühofens kann man es erleben, daß beim Umschütten eines großen Topfes die Bolzen in der Mitte noch schwarz erscheinen, während sie am Rande bereits hellrot bis weißwarm geworden sind.

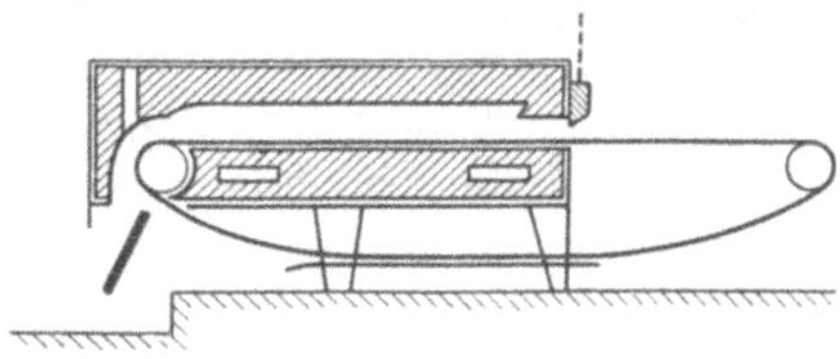

Abb. 61.

Hier liegt der große Nachteil dieses Verfahrens. Der Vorteil ist der Luftabschluß während des Glühens. Ein Zundern kann nicht eintreten, und die Bolzen sind, wenn auch geschwärzt, doch nicht verzundert.

Die Einhaltung einer richtigen Glühtemperatur spielt bei kaltgepreßten Bolzen eine sehr große Rolle.

Wird kohlenstoffarmes Eisen kalt verformt, so daß eine Änderung seines Querschnitts von 8÷18% eintritt und hinterher geglüht bei etwa 600÷850°, so tritt ein Wachstum der Kristalle ein, das schon bei geringer Beanspruchung zum Bruch führen kann. Die angegebenen Verformungs- und Temperaturgrenzen geben die Möglichkeiten an, um den Fehler zu vermeiden.

Zunächst kann man außerhalb des kritischen Verformungsbereiches bleiben. Die Erfahrung lehrt, daß dies in Wirklichkeit schwerer ist, als es auf den ersten Blick scheint. Mit Sicherheit ist es nur bei den Köpfen der Schrauben immer erreichbar, wo der Grad der Verformung ein viel größerer wird.

Die Glühung könnte sodann unter 600° gehalten werden. Auch dies Vorgehen würde Einrichtungen ganz besonderer Art erfordern. Die Temperatur der Flamme ist bei allen Verbrennungsvorgängen so hoch, daß 600° um mehr als das Doppelte überschritten wird. Infolgedessen werden sich bei jedem Glühvorgang wohl einzelne Zonen der gewünschten Temperatur ausbilden, daneben müssen aber die der Flamme näher liegenden stärker erhitzt werden und in die kritische Temperatur hineingeraten.

Der einzige in der Massenfabrikation gangbare Weg führt nur zum Glühen mit einer Temperatur von über 900°. Hier findet wieder eine Umkristallisation statt, die bei der Abkühlung nicht rückläufig ist.

V. Vereinigung von Kalt- und Warmpressen.

Die Verfahren des Kalt- und Warmpressens werden häufig bei Schrauben vereinigt, bei denen zur Herstellung der Kopfform ein Druck nicht ausreicht. Je nach der zur Formung des Kopfes benötigten Werkstoffmenge wird der Vorstauch kalt auf Ein- oder Doppelschlagpressen ausgeführt, der Fertigstauch dann warm auf Schmiedemaschinen oder Reibungspressen. Sehr verbreitet ist die Art,

Flachrund- und Sechskantschrauben besonders in den Abmessungen bis zu 10 mm ⌀ auf Einschlagpressen vorzustauchen. Man verwendet sie an Stelle der Drahtscheren. Sie arbeiten gerade so schnell, und der vorgestauchte Rohling läßt sich besser fertigstauchen. Die dünneren Abmessungen kommen für diese Art der Herstellung besonders in Betracht, da sie zunächst aus Draht angefertigt werden und dann auch für ihre Köpfe verhältnismäßig mehr Werkstoff benötigen als die dickeren Sorten.

Durch das Fertigstauchen auf warmem Wege vermeidet man das bei kaltgestauchten Bolzen unvermeidliche Nachglühen, da durch das Anwärmen auf Schweißhitze eine etwaige kritische Kaltverformung bestimmt ausgeglichen wird.

VI. Halbwarmpresse.

Aus Amerika ist in den letzten Jahren ein weiteres Verfahren zum Anstauchen von Schraubenköpfen zu uns gekommen, das auf einer sog. Halbwarmpresse ausgeführt wird.

Im Grund genommen entspricht diese genau einer Einschlagkaltpresse, nur mit dem Unterschied, daß der Draht auf etwa 700° erwärmt der Maschine zu-

Abb. 62. Halbwarmpresse.

geführt wird. Es läßt sich für das Halbwarmverfahren nur eine selbsttätige Einschlagpresse verwenden, da nur bei dieser die Geschwindigkeit des Drahttransports entsprechend groß werden kann.

Von dem Ofen, den der Draht zu seiner Erwärmung durchlaufen muß, bis zu dem Werkzeug, in dem sich der Stauchvorgang abspielt, erfährt der Draht eine Abkühlung durch die umgebende Luft oder durch die Führung. Diese Abkühlung ist um so stärker, je langsamer der Vorschub ist. Beim Doppelschlag ist die Leistung der Presse nur etwa halb so groß wie beim Einschlag, also auch der Vorschub des Werkstoffes nur halb so schnell. Auch mußte zwischen dem ersten und zweiten Schlag so viel Wärme an die Werkzeuge abgegeben werden, daß der Rohling zu stark gekühlt wurde. Durch besonders sinnreiche Ausbildung der

Gesamtanordnung hat man es möglich gemacht, daß das bei der Halbwarmpresse zu stauchende, vorstehende Ende des Rohlings über das sonst übliche Maß hinausgehen kann. So ist es möglich, Flachrundschrauben und Sechskantschrauben unserer Normen in einem Druck auf der Halbwarmpresse fertig zu stauchen (Abb. 62).

Abb. 63 u. 64. Halbwarmpresse und Ofen mit Zuführungsgetriebe

Ganz besondere Schwierigkeiten macht natürlich das Anwärmen des Werkstoffs. Es sind Öfen konstruiert, in denen der Draht ein langes Stück in gerader Linie hindurchgeführt wird. Diese Öfen müssen sehr lang gebaut sein. Um an Platz zu sparen, kann der Draht auch in Windungen in den Ofen hineingebracht werden. Es gehört eine besondere Vorrichtung dazu, um im Ofen die einzelnen Drahtwindungen weiterzuschieben. Abb. 63 und 64 zeigen einen solchen Ofen mit Zuführungsgetriebe und Halbwarmpresse in Tätigkeit.

Die Halbwarmpresse erreicht und übertrifft die Leistungen einer Einschlagkaltpresse. Sie ist also besonders für die Erzeugung großer Massen geeignet. In Amerika ist sie verbreitet, in Deutschland hat sie bisher nur in wenigen Exemplaren Eingang gefunden.

Tabellen.[1]

Tab. 1. Toleranzen nach DIN 668 für gezogenen Draht zur Schraubenfabrikation

Gewinde-durchmesser	Draht-durchmesser	Toleranz
1/4″	6,3 mm	—0,10 mm
5/16″	7,9 „	—0,10 „
3/8″	9,4 „	—0,10 „
7/16″	11,0 „	—0,10 „
1/2″	12,6 „	—0,10 „

Tab. 2. Toleranzen für gewalztes Schraubeneisen.

Gewinde-durchmesser	Eisen-durchmesser	Toleranz	Gewinde-durchmesser	Eisen-durchmesser	Toleranz
1/4″	6,3 mm	—0,3 mm	1″	25,3 mm	—0,5 mm
5/16″	7,9 „	—0,3 „	1 1/8″	28,4 „	—0,5 „
3/8″	9,4 „	—0,3 „	1 1/4″	31,6 „	—0,6 „
7/16″	11,0 „	—0,3 „	1 3/8″	34,7 „	—0,6 „
1/2″	12,6 „	—0,4 „	1 1/2″	37,9 „	—0,6 „
5/8″	15,8 „	—0,4 „	1 5/8″	41,1 „	—0,8 „
3/4″	18,9 „	—0,4 „	1 3/4″	44,3 „	—0,8 „
7/8″	22,1 „	—0,5 „			

Tab. 3.

Längenzugabe L_z für das Anstauchen des Kopfes ohne Grat und für die Rundung des Schaftes bei rohen Sechskantschrauben nach DIN 558 und 601.

Das Anschmieden des Kopfes erfolgt ohne Bildung von Grat. Die Längenzugabe kann ziemlich genau durch folgende Formel ermittelt werden:

$$L_z = 1{,}1\,\frac{s^2 \cdot k}{d_m{}^2} + z$$

$$L_{st} = L_z - z.$$

Gewinde-durchmesser		Durchmesser des Rohmaterials	d_m mm	L_z mm	L_{st} mm	γ
1/4″	gezog. Draht	6,3—0,1	6,25	18,5	17,3	2,77
5/16″	gezog. Draht	7,9—0,1	7,85	22,5	21	2,68
3/8″	gezog. Draht	9,4—0,1	9,35	27	25,5	2,73
7/16	gezog. Draht	11,0—0,1	10,95	28	26,3	2,40
1/2″	gewalztes Eisen	12,6—0,4	12,4	33,5	31,2	2,48
5/8″	gewalztes Eisen	15,8—0,4	15,6	38,5	36,2	2,32
3/4″	gewalztes Eisen	18,9—0,4	18,7	45	42	2,25
7/8″	gewalztes Eisen	22,1—0,5	21,85	51	47,6	2,18
1″	gewalztes Eisen	25,3—0,5	25,05	57	53	2,11
1 1/8″	gewalztes Eisen	28,4—0,5	28,15	63,5	59	2,09
1 1/4″	gewalztes Eisen	31,6—0,6	31,3	67	62	1,98
1 3/8″	gewalztes Eisen	34,7—0,6	34,4	73	67,5	1,96
1 1/2″	gewalztes Eisen	37,9—0,6	37,6	82	76	2,02

[1] Bezeichnungen nach DIN.

Tab. 4.

Längenzugabe L_z für Anstauchen des Kopfes ohne Grat bei rohen Vierkantschrauben nach DIN 556 und 602.

Das Anschmieden des Kopfes erfolgt ohne Bildung von Grat. Die Längenzugabe kann ziemlich genau durch folgende Formel ermittelt werden:

$$L_z = 1{,}275 \frac{s^2 \cdot k}{d_m^2} + z$$

$$L_{st} = L_z - z.$$

Gewindedurchmesser	Durchmesser des Rohmaterials		d_m mm	L_z mm	L_{st} mm	γ
1/4″	gezog. Draht	6,3—0,1	6,25	21,5	20,3	3,25
5/16″		7,9—0,1	7,85	26,5	25	3,19
3/8″		9,4—0,1	9,35	31	29,5	3,15
7/16″		11,0—0,1	10,95	32,5	30,8	2,81
1/2″	Walzeisen	12,6—0,4	12,4	38,5	36,2	2,92
5/8″		15,8—0,4	15,6	44,5	42,2	2,70
3/4″		18,9—0,4	18,7	51,5	48,5	2,59
7/8″		22,1—0,5	21,85	58,5	55,1	2,52
1″		25,3—0,5	25,05	66	62	2,48

Tab. 5.

Längenzugabe L_z für Anstauchen des Kopfes mit Grat bei rohen Flachrundschrauben nach DIN 559 und 603.

Sie kann nach folgender Formel angenähert berechnet werden:

$$L_z = \frac{k \cdot D^2}{2\, d_m^2} + \frac{2\, k^3}{3\, d_m^2} + 0{,}274\, f + \frac{\text{Mittl. Gratdurchmesser}^2 \times \text{Gratstärke}}{d_m^2} + z$$

$$L_{st} = L_z - z.$$

Gewindedurchmesser	Durchmesser des Rohmaterials		d_m mm	L_z[1] mm	L_{st} mm	γ
1/4″	gezog. Draht	6,3—0,1	6,25	20	18,8	3,01
5/16″		7,9—0,1	7,85	23,5	22,0	2,80
3/8″		9,4—0,1	9,35	26	24,5	2,62
7/16″		11,0—0,1	10,95	30,5	28,8	2,63
1/2″	Walz-eisen	12,6—0,4	12,4	35	32,7	2,63
5/8″		15,8—0,4	15,6	38,5	36,2	2,32
3/4″		18,9—0,4	18,7	43	40	2,14

[1] Nach praktischen Erfahrungen.

Tab. 6.

Längenzugabe L_z für Anstauchen des Kopfes mit Grat bei rohen Senkschrauben mit Vierkantansatz zum Einlassen in Metall nach DIN 567 und 608.

Sie kann nach folgender Formel angenähert berechnet werden:

$$L_z = \frac{k \cdot D^2}{3\, d_m^2} + \frac{k \cdot D}{3 \cdot d_m} + \frac{k}{3} + 0{,}274\, f + \frac{\text{Mittl. Graddurchmesser}^2 \times \text{Gratstärke}}{d_m^2}$$
$$- k - \text{Gratstärke} + z$$
$$L_{st} = L_z + k + \text{Gratstärke} - z$$
$$\gamma = \frac{L_{st}}{d_m}.$$

Gewinde-durch-messer	Durchmesser des Rohmaterials		d_m mm	L_z^1 mm	L_{st} mm	γ
1/4″	gezog. Draht	6,3—0,1	6,25	9,5	11,8	1,89
5/16″		7,9—0,1	7,85	12,5	15,7	2,0
3/8″		9,4—0,1	9,35	13,5	17,5	1,87
7/16″		11,0—0,1	10,95	15,5	20,2	1,85
1/2″	Walzeisen	12,6—0,4	12,4	18,0	23,0	1,85
5/8″		15,8—0,4	15,6	22,0	29,0	1,88
3/4″		18,9—0,4	18,7	24,0	31,8	1,70
7/8″		22,1—0,5	21,85	17,0	25,9	1,18
1″		25,3—0,5	25,05	19,0	28,9	1,15

[1] Nach praktischen Erfahrungen.

Tab. 7.

Längenzugabe L_z für Anstauchen des Kopfes mit Grat bei rohen Senkschrauben mit Nase zum Einlassen in Metall nach DIN 565 und 604.

Sie kann nach folgender Formel angenähert berechnet werden:

$$L_z = \frac{k \cdot D^2}{3\, d_m^2} + \frac{k \cdot D}{3\, d_m} + \frac{k}{3} + \frac{\text{Mittl. Gratdurchmesser}^2 \cdot \text{Gratstärke}}{d_m^2}$$
$$- k - \text{Gratstärke} + z$$
$$L_{st} = L_z + k + \text{Gratstärke} - z$$
$$\gamma = \frac{L_{st}}{d_m}.$$

Gewinde-durch-messer	Durchmesser des Rohmaterials		d_m mm	L_z^1 mm	L_{st} mm	γ
1/4″	gezog. Draht	6,3—0,1	6,25	8,5	10,8	1,73
5/16″		7,9—0,1	7,85	11,5	15,0	1,91
3/8″		9,4—0,1	9,35	13,0	17,0	1,82
7/16″		11,0—0,1	10,95	14,5	19,2	1,75
1/2″	Walzeisen	12,6—0,4	12,4	16,5	21,5	1,73
5/8″		15,8—0,4	15,6	20,5	27,5	1,76
3/4″		18,9—0,4	18,7	22,5	30,3	1,62
7/8″		22,1—0,5	21,85	15,0	23,9	1,09
1″		25,3—0,5	25,05	16,5	26,4	1,06

[1] Nach praktischen Erfahrungen.

Tab. 8.

Längenzugabe L_z für Anstauchen des Kopfes mit Grat bei rohen Senkschrauben mit Vierkantansatz zum Einlassen in Holz nach DIN 566 und 605.

Sie kann nach folgender Formel angenähert berechnet werden:

$$L_z = \frac{k \cdot D^2}{3\, d_m^2} + \frac{k \cdot D}{3\, d_m} + \frac{k}{3} + 0{,}274\, f + \frac{\text{Mittl. Gratdurchmesser}^2 \times \text{Gratstärke}}{d_m^2}$$
$$- k - \text{Gratstärke} + z$$
$$L_{st} = L_z + k + \text{Gratstärke} - z$$
$$\gamma = \frac{L_{st}}{d_m}.$$

Gewindedurchmesser	Durchmesser des Rohmaterials		d_m mm	L_z[1] mm	L_{st} mm	γ
1/4″	gezog. Draht	6,3—0,1	6,25	15,5	19,3	3,09
5/16″		7,9—0,1	7,85	18,0	21,8	2,78
3/8″		9,4—0,1	9,35	20,4	25,5	2,73
7/16″		11,0—0,1	10,95	23,7	29,2	2,67
1/2″	Walzeisen	12,6—0,4	12,4	28,0	33,4	2,68
5/8″		15,8—0,4	15,6	29,3	35,8	2,30
3/4″		18,9—0,4	18,7	29,7	37,5	2,0

[1] Nach praktischen Erfahrungen.

Buchdruckerei Otto Regel G. m. b. H., Leipzig.

GPSR Compliance

The European Union's (EU) General Product Safety Regulation (GPSR) is a set of rules that requires consumer products to be safe and our obligations to ensure this.

If you have any concerns about our products, you can contact us on ProductSafety@springernature.com

In case Publisher is established outside the EU, the EU authorized representative is:

Springer Nature Customer Service Center GmbH
Europaplatz 3
69115 Heidelberg, Germany

Batch number: 10577876

Printed by Printforce, the Netherlands